맛있는 우리 산나물 130가지

우리
산나물
백과

Wild Edible Greens in Korea

봄나물, 묵나물로 먹기 좋은 산나물 정보

제갈영 지음

맛있는 우리 산나물 130가지

우리 산나물 백과

Wild Edible Greens in Korea

초판 1쇄 발행 2022년 6월 3일

지은이 제갈영

펴낸곳 도서출판 이비컴
펴낸이 강기원

디자인 이유진
편　집 한주희
마케팅 박선왜
표지 이미지 아이클릭아트

주소 (130-811) 서울 동대문구 천호대로81길 23, 201호
대표전화 (02)2254-0658 **팩스** (02)2254-0634
전자우편 bookbee@naver.com

등록번호 제6-0596호(2002.4.9)
ISBN 978-89-6245-199-3 (16480)

※ 책값은 뒤표지에 있습니다.
※ 파본이나 잘못 인쇄된 책은 구입하신 서점에서 교환해드립니다.

산나물이란 산에서 나는 야생초 중에서 식용의 가치와 특징을 갖는 야생 채소(산채, 山菜)를 말한다. 오래전 기근기에 먹을 것이 부족하고 배고픔을 면하기 위해 씨앗이나 새순, 잎, 줄기, 뿌리 등을 캐 먹은 것에서 유래한다. 산나물은 저마다의 독특한 맛과 향미, 특별한 식감 때문에 즐겨 찾는 사람이 생겼고 지금은 몸에 좋은 식이섬유 등 필요한 영양소를 공급하여 춘곤증을 극복함은 물론, 다이어트 및 봄철에 입맛을 돋우어주는 데 매우 중요한 음식으로 인기가 높다.

산나물은 연중 한정된 기간에만 먹을 수 있는 음식으로 알려져 있지만 최근에는 연중 먹을 수 있는 나물이 꽤 다양하다. 대표적으로 우리나라는 예로부터 산나물을 묵나물(산나물을 소금물에 데쳐 말린 것)로 가공하는 방법이 구전되어 왔다. 예를 들어, 다래덩굴의 어린잎인 다래나물의 경우가 몇년 전에는 봄에만 즐길 수 있었지만 최근에는 묵나물로 가공되어 연중 식용할 수 있는 나물이 되었다. 또한 고소득 작물 농사의 일환으로 다양한 산나물을 비가림 시설에서 재배하여 사시사철 출하하므로 곰취와 산마늘 같은 좋은 나물도 언제나 싱싱한 잎을 구입해 먹을 수 있다.

산나물은 특히 우리나라와 같은 동양권역에서 많이 먹는 것으로 알고 있지만 서구권에서도 나물처럼 먹는 허브류가 있다. 흥미롭게도 우리나라의 묵나물을 먹는 방법과 비슷한 가공 방법이 서구의 민간에서도 전해오고 있음을 볼 수 있다. 조리법이나 명칭만 다를 뿐 동서양은 예로부터 산에서 야생으로 자라는 산채를 다양한 요리로 활용해왔다.

본 책은 저자가 직접 맛본 130여 가지 우리나라 산나물의 특성과 구하는 법, 간단한 레시피 등을 소개하였다. 이 책을 통해 건강한 산채를 즐기는 모든 가정의 식탁이 좀 더 풍성해지기를 바란다.

2022년 봄
제갈영 드림

책의 구성

이 책은 우리나라에서 자라는 산나물 정보를 정리한 산나물 도감이다. 130여 가지의 산나물을 봄나물과 뿌리나물, 잎나물 등으로 구분하였고 대부분 봄철에 먹을 수 있거나 묵나물로 만들 수 있는 야생초들을 소개하였다. 산나물 활용의 기본 레시피와 산나물의 생육상 정보(높이, 개화기, 서식환경, 특징 등), 채취와 채취시기, 식용부위, 식용방법, 약용 효능 등을 간략하게 수록하였다. 산나물 활용 레시피는 아주 기본적인 정보만 소개하였고, 독자의 기호에 따라 다양한 방법으로 양념하여 식용할 수 있다.

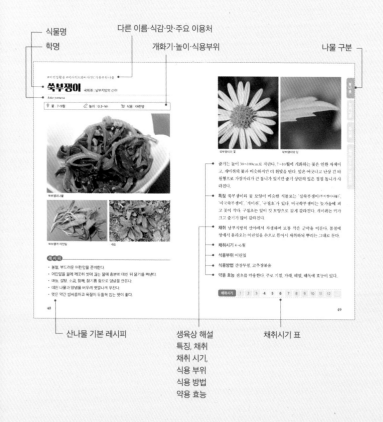

- 식물명
- 학명
- 다른 이름·식감·맛·주요 이용처
- 개화기·높이·식용부위
- 나물 구분
- 산나물 기본 레시피
- 생육상 해설
  특징, 채취
  채취 시기,
  식용 부위
  식용 방법
  약용 효능
- 채취시기 표

일러두기

- 우리나라 산과 들에서 자라는 풀꽃과 농가에서 재배하는 것들, 산에서 자라는 나무의 새순 및 어린잎 등 먹을 수 있는 130여 종의 나물을 소개하였다.

- 본 책에 소개한 산나물은 저자가 직접 맛보고 독성 여부 등을 체크한 결과에 따른 정보와 해당 산나물의 기본 레시피를 제공한다.

- 사진은 완성 나물 사진과 이해를 돕기 위해 새순, 어린잎, 꽃, 잎, 열매, 줄기 등을 상황에 맞춰 수록하였다.

- 식물명은 '국가표준식물목록'(산림청)에 의거한 국명과 학명을 따랐고, 나물명은 시중에서 사용하는 일반적인 명칭과 현지식 방언을 기록하였다.

- 산나물의 구입 방법은 일반적인 채취 방법과 재래시장, 5일장, 시중의 중대형 마트, 현지 농장 구매를 기준으로 삼았다.

산나물 채취 시 주의해야 할 사항

- 생식이 가능한 봄나물을 제외하고는 반드시 끓는 물에 데쳐 먹거나 묵나물을 만들어 충분히 보관한 후에 섭취해야 한다.

- 독초를 식용 나물로 오인하지 않도록 각별히 주의하고 아무거나 함부로 섭취하면 사고를 일으킬 수 있으므로 모르면 전문가에게 반드시 도움을 받아야 한다.(부록 221쪽 참조)

- 도로 갓길이나 도심, 부도심의 강, 하천 주변에서 자라는 풀꽃은 공해와 농약, 중금속 등에 오염된 것일 수 있으므로 식용 목적으로 채취하지 않는다.

- 산과 들에서 나물을 채취할 경우 반드시 채취 금지구역 여부를 확인하고 채취 시 뿌리째 뽑거나 어린싹을 함부로 밟지 않도록 한다.

- 채취한 나물은 흐르는 물에 여러 번 깨끗이 씻고 미약한 독성이나 쓴맛이 나면 일정 시간 찬물에 담가 우려내면 비교적 안전하게 섭취할 수 있다.

차 례

봄나물

뿌리나물

잎나물

기타 나물반찬

부록

찾아보기

우리 산나물 백과

우리나라 산과 들, 그리고 농가에서 재배하는 130여 종의 산나물을
봄나물, 뿌리나물, 잎나물 등으로 분류하여 생육정보와 간단 레시피,
식용부위, 약용 효능, 식용방법 , 채취시기 등을 자세히 기록하였다.

눈개승마(삼나물) 장미과 | 높은 산 고지대 반그늘

Aruncus dioicus

🌸 꽃 : 6~8월   ✏️ 높이 : 0.3~1m   🌱 식용 : 싹

눈개승마(삼나물) 무침

어린싹

새순

레시피

- 성숙한 잎은 다소 독성이 있으므로 반드시 지면에서 10cm 정도 올라온 어린 싹을 채취해 식용한다. 봄철에 반짝 전통시장에서도 판매한다.
- 싱싱한 싹을 끓는 물에 넣고 살짝 데친 뒤 찬물에 우려낸다.
- 각종 무침이나 데친 것을 두릅처럼 초장에 찍어 먹는다.
- 두툼한 육질이어서 씹히는 식감이 좋고 고기처럼 맛있다.

눈개승마의 꽃

눈개승마의 잎

뿌리에서 싹이 올라온 뒤 원줄기는 높이 30~100cm로 자란다. 잎은 2~3회 깃 모양이고 소엽은 결각이 있고 뾰족하다. 꽃은 6~8월에 흰색의 자잘한 꽃이 원뿔모양꽃차례로 달린다.

특징 나물로 먹을 경우 참두릅처럼 생긴 어린싹을 먹고, 조금 더 자란 잎의 식용은 피한다. 고기썹는 듯한 맛이 나기 때문에 고기 대용으로 먹는 나물이다. 맛은 좋은 편이고 봄철의 별미나물이다. 익혀서 먹으면 고기맛, 날로 먹으면 인삼맛, 두릅맛이 난다하여 '삼나물'이라고 부른다.

채취 깊은 산 고지대 반그늘에서 자생한다. 가식부위는 어린싹이다. 봄이면 지면에서 어린싹이 10~20cm 정도로 올라오면서 참두릅과 비슷한데 이때 채취한다.

채취시기 3~4월 초

식용부위 싹

식용방법 데쳐서 초장, 나물 무침(참기름, 들기름)

약용 효능 자양, 수렴, 해열, 타박상 등에 효능이 있다.

채취시기	1	2	3	4	5	6	7	8	9	10	11	12

11

얼레지 백합과 | 전국의 산악지대 능선이나 산비탈

Erythronium japonicum

🌸 꽃 : 4~5월　　　📏 높이 : 25cm　　　🌱 식용 : 싹, 어린잎

얼레지 된장국

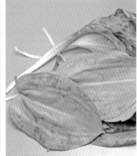

꽃

줄기

레시피

- 잎에 약간의 독성이 있으므로 끓는 물에 데친 후 햇볕에 말려 묵나물로 쓴다.
- 된장에 풀기 전에 얼레지 묵나물을 필요한 만큼만 물에 푼다.
- 마늘, 청양고추 등으로 양념한 된장국에 넣고 팔팔 끓인다.
- 된장 미역국과 비슷한 부드러운 맛이 일품이다.
- 한 번에 많은 양을 섭취하면 설사할 수 있으므로 조금씩 끓여 먹는다.

얼레지의 잎

얼레지 꽃술

이른 봄 산악지대 능선이나 산비탈 반그늘 아래에서 자생한다. 잎은 2장씩 돋아나고 잎 사이에서 긴 꽃대가 올라온다. 가식부위는 잎, 약용부위는 뿌리이다. 잎은 두툼하고 광택이 있고 표면에 얼룩무늬가 있거나 없다. 잎의 수확기는 꽃이 피기 전부터 꽃이 질 무렵까지이다. 잎을 된장을 풀어 끓이면 미역 맛이 나기 때문에 미역 구하기가 어려웠던 산골마을에서 미역국 대신 사용하였다고도 한다.

채취 얼레지는 전국의 높은 산 능선이나 산비탈에서 군락을 이루며 자생한다. 이른 봄, 손으로 잎을 수확하되 뿌리는 남겨두고 잎만 딴다.

채취시기 3~5월 초

식용부위 싹, 어린잎

식용방법 된장국, 묵나물 활용

약용 효능 얼레지 뿌리 부위. 설사, 구토, 위장염, 화상 등에 사용한다.

채취시기	1	2	3	4	5	6	7	8	9	10	11	12

당개지치 (송곳나물) 지치과 | 깊은 산의 계곡 주변 풀밭

Brachybotrys paridiformis

꽃 : 5~6월   높이 : 30~80cm   식용 : 싹, 어린잎

지장나물 무침

어린잎

새순

레시피

- 채취한 어린잎을 흐르는 물에 씻는다.
- 깨끗이 씻은 어린잎을 끓는 물에 살짝 데친 뒤 물기를 짜낸다.
- 된장, 마늘, 설탕, 참깨, 참기름 등으로 기호에 맞게 양념한다.
- 데친 나물과 양념을 섞어 맛깔나게 무친다.
- 나물 맛은 마치 조미료를 넣은 듯 감미롭고 부드럽다.

당개지치의 꽃

당개지치의 잎

줄기는 높이 30~80cm로 자란다. 뿌리에서 올라온 줄기의 상단부는 5~6 개의 잎이 돌려난 것처럼 달리고 하단 잎은 어긋나게 달린다. 꽃은 5~6월 에 작은 종모양으로 피고 색상은 보라색이다.

특징 꽃이 피기 전 어린잎은 독초인 '삿갓나물'과 비슷하므로 채취 시 혼 동하지 않도록 주의한다. 나물에 핵산 성분이 함유되어 있어 조미료가 이 미 들어있는 나물이라고 해도 손색없는 담백한 맛의 나물이다. 민간에서 어린잎을 송곳나물 또는 지장나물이라고 부른다. 지장(보살)나물은 본래 구황식물인 '풀솜대'를 일컫기도 한다.

채취 깊은 산의 계곡 주변 반그늘 밑의 풀밭에서 자생한다. 꽃이 피기 전 어린잎을 손으로 채취하되 뿌리는 남겨두고 잎만 수확한다. 오염원이 없 는 산일수록 군락을 이루는 경향이 많다.

채취시기 4~5월

식용부위 싹, 어린잎

식용방법 된장 무침, 간장 무침

약용 효능 전초를 민간에서 기침, 가래에 사용한다.

채취시기	1	2	3	4	5	6	7	8	9	10	11	12

유채(하루나나물) 십자화과 | 제주도. 남부지방에서 재배

Brassica napus

꽃 : 3~4월 　　　높이 : 0.8~1.3m 　　　식용 : 어린잎

하루나나물 무침

어린잎

유채

레시피

- 재래시장이나 마트 등에서 유채나물을 구입한다.
- 흐르는 물에 깨끗이 씻은 것을 끓는 물에 살짝 데친 뒤 물기를 짜낸다.
- 마늘, 매실, 소금, 참깨, 고춧가루, 참기름 등으로 양념을 만든다.
- 데친 어린잎과 양념을 섞어 맛깔나게 무친다.
- 맛은 부드럽고 상큼하며 두툼하게 씹히는 맛이 있다.

유채 꽃

유채 잎과 줄기

줄기는 높이 80~130cm로 자란다. 유사종인 '갓'은 갓김치로 먹는 반면 유채는 잎을 데친 후 나물로 무치거나 겉절이로 먹는다. 이른 봄에 나오는 유채나물을 '하루나나물(겨울초)'이라고 부르기도 한다.

특징 유채와 갓은 꽃과 잎 모양이 거의 비슷하기 때문에 구별이 어렵다. 줄기 상단 잎의 잎자루가 원줄기를 귀처럼 감싸 안은 점이 갓과 구별할 수 있는 포인트이다. 유채종자에서 짜낸 기름을 '카놀라유'라고 하는데 영양성분은 콩기름보다 뛰어나다.

채취 자생지는 북유럽 일대이고 배추와 양배추 사이에서 나온 교잡종이다. 조선시대에 전래된 것으로 보이며 제주도, 거제, 삼척 맹방 등이 유채밭으로 유명하다. 꽃이 피기 전 어린잎과 줄기를 손으로 채취한다.

채취시기 2~5월

식용부위 어린잎

식용방법 간장 무침, 고추가루 무침, 겉절이

약용 효능 항암, 어혈, 면역 기능에 좋다.

채취시기	1	2	3	4	5	6	7	8	9	10	11	12

17

#어린잎사용 #콜히친성분에주의

원추리 백합과 | 오염되지 않은풀밭

Hemerocallis fulva

🌼 꽃 : 6~8월   📏 높이 : 1m   🌿 식용 : 어린잎

데친 원추리

채취한 어린잎

새순

레시피

- 전통 재래시장이나 마트 등에서 원추리 어린잎을 구한다.
- 흐르는 물에 씻어 끓는 물에 데친 뒤 물기를 30분 이상 짜낸다.
- 고추장, 식초 등으로 초장을 만든다. 기호에 따라 매실이나 설탕을 첨가한다.
- 초장으로 원추리를 버무리거나 초장에 찍어 먹어도 좋다.
- 특유의 향미가 있고 육질이 두툼해 아삭하게 씹는 맛이 좋다.

원추리의 꽃

원추리 재배

여러해살이풀로 꽃대는 높이 1m로 자란다. 뿌리에서 올라온 싹은 칼처럼 생겼고 여름에 노란색 꽃이 핀다. 품종에 따라 잎이 짧은 원추리, 잎이 긴 큰원추리, 해안가 품종인 태안원추리가 있다.

특징 원추리에 함유된 콜히친(Colchicine) 성분은 일종의 마취 성분이기 때문에 섭취 시 약간의 환각작용을 한다. 반찬으로 먹을 경우 과다 섭취를 피하고 조금씩 섭취한다.

채취 깊은 산이나 한적한 해안가의 야산 풀밭 등에서 자생한다. 이른 봄부터 꽃이 피기 전까지의 야들야들한 어린잎을 손으로 채취한다. 종종 제철에 재래시장이나 마트에 가면 원추리 어린잎을 팔기도 한다.

채취시기 3~5월

식용부위 어린잎

식용방법 초고추장 무침

약용 효능 부종, 이수, 배뇨, 요로결석, 유선염, 황달, 코피에 효능이 있다.

채취시기	1	2	3	4	5	6	7	8	9	10	11	12

둥굴레 백합과 | 깊은 산 계곡가의 풀밭

Polygonatum odoratum

🌸 꽃 : 5~7월   📏 높이 : 30~60cm   ✂ 식용 : 부드러운 어린잎

둥굴레 어린잎 무침

어린잎

새순

레시피

- 나물로 쓰려면 부드러운 어린잎을 준비해야 한다.
- 이미 성숙한 잎은 종잇장처럼 뻣뻣하고 질기므로 먹을 수 없다.
- 흐르는 물에 씻은 어린잎을 끓는 물에 살짝 데친 뒤 물기를 빼낸다.
- 데친 잎과 마늘, 설탕, 소금, 참깨, 참기름 등을 넣고 볶는다.
- 봄철 잃어버린 입맛을 찾게 하는 고소한 맛이 일품이다.

둥굴레의 꽃

둥굴레의 열매

높이 30~60cm로 자란다. 줄기에 6개의 줄이 있어 줄기를 잘라 단면을 보면 6각형처럼 보인다. 꽃은 흰색이고 씹으면 아삭한 식미가 있지만 특별한 맛은 없다.

특징 뿌리를 둥굴레라 하여 차로 우려 마신다. 마트 등에서 흔히 보는 둥굴레차가 바로 이 식물의 뿌리로 만든 차이다. 약용하거나 차로 마시는 뿌리는 보통 4~5년 재배한 것이다.

채취 깊은 산 계곡 주변 풀밭이나 비탈진 사면에서 자생한다. 꽃봉오리가 달리기 전의 부드러운 어린잎을 채취하고 뿌리는 그대로 둔다. 독초인 애기나리와 비슷하게 생겼으므로 채취할 때 세심하게 살펴야 한다. 그 외 인터넷에서 둥굴레 농장을 검색하여 어린잎을 구할 수도 있다.

채취시기 4~5월

식용부위 부드러운 어린잎

식용방법 참기름 볶음, 고추장 볶음

약용 효능 뿌리를 약용한다. 음과 진을 보하고 빈뇨, 피로, 운동장애, 허약한 신체에 좋다.

채취시기	1	2	3	4	5	6	7	8	9	10	11	12

잔대 초롱꽃과 | 전국의 산야

Adenophora triphylla

🌼 꽃 : 7~9월　　　📏 높이 : 0.4~1.2m　　　🦋 식용 : 싹, 어린잎

잔대잎 겉절이

잔대의 잎과 줄기

새순

레시피

- 잔대의 어린잎은 부드러워 생으로 먹을 수 있어 샐러드나 겉절이로도 좋다.
- 잎을 무칠 때는 데치지 않고 날것을 겉절이로 무친다.
- 간장, 고춧가루, 마늘, 설탕, 액젓 등 기호에 따라 양념을 만든다.
- 양념장과 잘 씻은 잔대잎을 버무린 뒤 들기름을 한두 방울 넣는다.
- 고소하고 아삭한 식감이 살아있다.

잔대의 꽃

잔대의 열매

잔대의 뿌리를 '사삼' 혹은 '개도라지'라고 하며 약용하지만 어린잎은 부드러운 식감이 있다. 잎은 순하고 아삭한 식감에 고소한 맛이 있어 날것으로 먹거나 양념과 함께 조물조물 무쳐서 먹을 수 있다.

특징 잔대는 잎의 변이가 심해 줄기잎의 경우 돌려나기, 마주나기 또는 어긋나게 달린다. 잎이 돌려나는 품종인 층층잔대의 어린잎도 잔대와 같은 나물로 취급하여 식용할 수 있다.

채취 잔대는 전국의 산야에서 자생하지만 군락이 아닌 독자 생존하는 경향이 있다. 이른 봄에 어린잎을 수확할 수 있고, 전통 재래시장의 산나물 가게를 통해 잔대 잎을 구할 수 있다.

채취시기 4월

식용부위 싹, 어린잎

식용방법 겉절이, 샐러드, 된장국

약용 효능 뿌리를 약용한다. 가래, 기침, 보음의 효능이 있다. 특히 폐 기능에 좋다.

채취시기	1	2	3	**4**	5	6	7	8	9	10	11	12

멸가치 국화과 | 깊은 산의 습한 계곡, 등산로 주변 풀밭

Adenocaulon himalaicum

🌼 꽃 : 8~9월   ✏️ 높이 : 0.5~1m   ✂️ 식용 : 싹, 어린잎

멸가치 묵나물 무침

어린잎

새순

레시피

- 이른 봄에 뿌리에서 올라온 어린잎을 채취한다.
- 쓴맛이 강하므로 끓는 물에 데친 뒤 30분 이상 우려내고 물기를 빼낸다.
- 기호에 맞는 간장무침이나 고추장볶음용 양념을 준비한다.
- 고추장으로 볶을 때는 참기름을 넣으면 풍미가 산다.
- 맛은 약간 고소하고 쌉싸름하며 부드러운 육질이다.

멸가치의 꽃

멸가치의 잎

뿌리에서 올라온 어린잎은 작은 하트 모양이고 길다란 꽃대가 올라온 뒤 자잘한 꽃이 핀다. 줄기잎은 어긋나고 잎 모양은 뿌리에서 올라온 잎과 비슷하지만 나물로는 뿌리에서 올라온 잎이 더 좋다.

특징 계곡 주변의 응달에서 자생하며 군락을 이루는 경향이 많아 한 군데 에서 많이 채취할 수 있다. 어린잎은 잎자루에 넓은 날개가 있어 산길에 서도 쉽게 눈에 띄는 나물이다.

채취 도시 근교의 높은 산이나 시골의 깊은 산 계곡 주변 풀밭, 임도 주변 에서 흔히 자란다. 이른 봄이면 땅바닥에 붙어서 잎이 돋아나는데 이때의 어린잎을 수확하고 뿌리는 그대로 둔다.

채취시기 3~4월

식용부위 싹, 어린잎

식용방법 간장 무침, 고추장 볶음

약용 효능 기침, 천식, 부종, 이뇨에 효능이 있다.

채취시기	1	2	3	4	5	6	7	8	9	10	11	12

단풍취(장이나물) 국화과 | 전국의 깊은 산

Ainsliaea acerifolia

🌸 꽃 : 7~9월　　　📐 높이 : 40~80cm　　　✂ 식용 : 싹, 어린잎

장이나물 무침

어린잎

새순

레시피

- 솜털이 나 있는 상태의 어린잎을 채취한다.
- 쓴맛이 있으므로 끓는 물에 데친 뒤 30분 정도 우려내어 물기를 짜낸다.
- 된장, 고춧가루, 마늘, 설탕 등으로 양념을 만든다.
- 물기를 짜낸 어린잎과 양념을 골고루 버무린 뒤 참기름으로 마무리한다.
- 나물 맛은 부드럽고 고기씹는 맛으로 고급스럽다.

단풍취의 꽃

단풍취의 잎

지면에서 잎이 올라온 후 긴 꽃대가 높이 40~80cm로 자란다. 꽃은 7~9
월에 흰색으로 핀다. 잎 모양이 단풍 모양이기 때문에 쉽게 구별할 수 있
는 나물 중 하나이다.

특징 단풍취는 '장이나물' 또는 '괴발땅취'라고도 부른다. 꽃대가 올라올
무렵부터는 잎이 커지고 질겨지므로 식용할 수 없다. 보통 이른 봄의 어
린싹이나 잎을 수확해야 한다.

채취 깊은 산의 축축한 계곡 주변이나 산길에서 자생한다. 꽃이 피기 전
에 솜털이 있는 어린잎을 손으로 수확한다. 군락을 이루기 때문에 한군데
서 많은 양을 채취할 수 있다.

채취시기 4~5월

식용부위 싹, 어린잎

식용방법 된장 무침, 고추장 무침

약용 효능 민간에서는 전초를 약용한다. 혈액순환, 항염에 효능이 있다.

채취시기	1	2	3	4	5	6	7	8	9	10	11	12

고려엉겅퀴(곤드레나물) 국화과 | 전국의 깊은 산 풀밭

Cirsium setidens

⚘ 꽃 : 7~10월　　　✎ 높이 : 1m　　　✄ 식용 : 어린잎

묵나물 무침

어린잎

레시피

- 인터넷몰이나 시장 나물가게에서 곤드레 묵나물을 구입해도 좋다.
- 묵나물은 찬물에 풀면 금세 부드러워진다.
- 밥을 지을 때 나물을 적당히 썰어 넣고 지으면 곤드레나물밥이 된다.
- 싱싱한 잎은 데치면 묵나물처럼 시커멓게 변하면서 시큼한 맛이 난다. 이것을 3번 짜낸 후 고추장으로 버무리면 상큼한 나물 무침이 된다.

고려엉겅퀴의 잎

고려엉겅퀴의 꽃

줄기는 높이 1m로 자란다. 엉겅퀴라는 이름이 붙었지만 엉겅퀴와 달리 잎에 큰 가시가 없고 그 대신 잎의 가장자리에 가시 같은 톱니가 있거나 없다. 꽃은 7~10월에 피는데 가지나 줄기 끝에 보통 1개씩 달린다.

특징 고려엉겅퀴는 일반적인 엉겅퀴와 잎에 큰 가시가 없고 생김새는 수리취나 정영엉겅퀴와 비슷하다. 정영엉겅퀴는 흰색 꽃이 피고, 흰잎고려엉겅퀴는 잎 뒷면이 흰색이다.

채취 전국의 깊은 산에서 자생한다. 봄철에 꽃이 피기 전 부드러운 어린 잎을 채취한다. 그외 인터넷몰이나 전통 재래시장, 마트 등을 통해 곤드레묵나물을 쉽게 구입할 수 있다.

채취시기 4~6월

식용부위 어린잎

식용방법 묵나물, 곤드레나물밥, 곤드레나물 무침

약용 효능 지혈, 어혈에 좋다.

채취시기	1	2	3	4	5	6	7	8	9	10	11	12

수리취 국화과 | 전국의 깊은 산

Synurus deltoides

꽃 : 9~10월 　　　　높이 : 0.5~1m 　　　　식용 : 어린잎

수리취 나물

수리취떡

어린잎

새순

레시피

- 채취한 어린잎을 흐르는 물에 씻는다.
- 전통 재래시장 등을 통해 묵나물을 구입한 경우라면 찬물에 풀어준다.
- 생잎은 쓴맛이 아주 강하므로 끓는 물에 데친 뒤 30분 이상을 우려내야 한다.
- 물기를 짜낸 뒤 양파 등을 넣고 참기름볶음이나 양념으로 무쳐 먹을 수 있다.
- 수리취떡은 수리취잎을 다지거나 분말로 만들어 떡에 넣은 것이다.

수리취 꽃

수리취 잎뒷면

뿌리에서 삼각꼴 모양의 큰 잎이 먼저 돋아난 후 높이 0.5~1m로 줄기가 자란다. 삼각꼴의 잎은 잎 뒷면이 은색이므로 산에서 수리취를 찾을 때 쉽게 알아볼 수 있다. 꽃은 9~10월에 엉겅퀴와 비슷한 꽃이 핀다.

특징 엉겅퀴류는 대부분 식용이 가능하고 그중 맛있는 것은 참취, 고려엉 경퀴(곤드레나물) 등이 있지만 수리취도 맛있는 종류 중 하나이다. 특히 강 원도의 수리취떡은 지역특산물로 인기가 높다.

채취 전국의 깊은 산의 고산 지대에서 더러 자생한다. 꽃이 피기 전 어린 잎이나 싹을 채취하되 채취시기를 놓쳤다면 꽃이 피어 있을 때 부드러운 잎 위주로 채취한다.

채취시기 4~6월

식용부위 어린잎

식용방법 묵나물, 볶음, 수리취떡

약용 효능 지혈, 해독, 항암, 부종에 좋다.

채취시기	1	2	3	4	5	6	7	8	9	10	11	12

미역취 국화과 | 전국의 산야

Solidago virgaurea

🌼 꽃 : 7~10월 ✏️ 높이 : 40~80cm ✂️ 식용 : 어린잎

수형

잎

꽃

초가을부터 늦가을 사이에 전국의 산야에서 흔히 볼 수 있는 노란색 꽃이 피는 야생화이다. 취나물류와 비슷하다고 하여 미역취라는 이름이 붙었지만 나물 맛은 그다지 좋지 않다. 주로 기근기에 먹을 것이 없을 때나 먹어볼만한 나물이다.

통상 5월경에 어린잎을 채취하여 나물로 가식한다. 뿌리에서 올라온 잎은 난형~긴 타원형이고 잎자루에 날개가 있다. 줄기는 높이 40~80cm로 자란다. 꽃은 7~10월에 노란색 꽃이 원추꽃차례로 달린다.

미역취의 꽃은 꽃잎이 듬성듬성 달리기 때문에 쉽게 알아볼 수 있다. 뿌리를 포함한 전초를 건위, 이뇨약으로 사용하며 미역취를 나물로 섭취하려면 가급적 부드러운 어린잎을 채취하는 것이 좋다.

채취시기	1	2	3	4	5	6	7	8	9	10	11	12

#당귀 #쌈채소활용 #신체허약에효능

참당귀(당귀) 산형과 | 깊은 산 계곡 주변

Angelica gigas

꽃 : 8~9월   높이 : 1~2m   식용 : 어린잎, 뿌리

꽃

줄기

잎

일당귀와 달리 우리나라의 깊은 산 계곡 주변에서 자라는 것을 토종 당귀, 즉 '참당귀'라고 부른다. 원래 뿌리를 '당귀'라는 이름의 한약명으로 사용하며 부드러운 어린잎은 쌈채소나 장아찌로도 먹을 수 있다. 일당귀 (왜당귀)와 마찬가지로 특유의 당귀향이 있는 아주 맛있는 쌈채소 중 하나이다.

전통 한약방 골목을 지나가다 보면 한약을 다리는 향이 구수하게 나는데 십중팔고 당귀를 달이는 냄새이고, 이 냄새는 쌍화차 같은 전통차에서도 흔히 맡을 수 있는 냄새이다.

약용 효능 일당귀와 마찬가지인데 효능면에서는 일당귀보다 토종 당귀가 훨씬 좋아 관절통과 신체허약에도 처방한다.

채취시기	1	2	3	4	**5**	6	7	8	9	10	11	12

개미취&벌개미취 국화과 | 전국의 산야, 풀밭

Aster tataricus

🌸 꽃 : 7~10월　　　✏️ 높이 : 1.5m　　　🌿 식용 : 어린잎

개미취 된장무침

어린잎

새순

레시피

- 채취한 부드러운 어린잎을 흐르는 물에 깨끗하게 씻어낸다.
- 끓는 물에 살짝 데친 뒤 찬물에 우려내어 물기를 짜낸다.
- 나물 자체가 특별한 향이나 맛이 없는 담백함이 있어 참기름 볶음이나 된장 등으로 양념하여 무쳐먹는 것이 좋다.
- 담백한 맛을 선호하는 이들에게 적당한 나물이다.

개미취의 꽃

개미취의 잎

뿌리에서 주걱잎이 올라온 뒤 줄기가 높이 1~1.5m로 자란다. 뿌리잎은 줄기가 올라오면 사라지고 줄기잎은 어긋나게 달린다. 꽃은 7~9월에 산방꽃차례로 달리고 꽃 색깔은 흰색 또는 연한 보라색이다.

특징 개미취의 유사종으로 해안가나 섬의 야산 풀밭에서 자생하는 벌개미취가 있다. 봄철이면 5일장에 '막나물'이란 이름으로 여러 나물들이 저렴한 가격에 나오는데 그중에 개미취류나 쑥부쟁이의 어린잎이 섞여 있다.

채취 산과 들판의 길가, 풀밭 등에서 자생한다. 뿌리에서 올라온 잎을 채취하여 식용한다.

채취시기 4~5월

식용부위 어린잎

식용방법 묵나물, 된장 무침

약용 효능 기침, 해수, 천식, 가래, 이뇨에 효능이 있다.

채취시기	1	2	3	4	5	6	7	8	9	10	11	12

35

쑥&참쑥 국화과 | 전국의 산야, 풀밭

Artemisia princeps

꽃 : 7~9월   높이 : 1.2m   식용 : 어린잎

쑥된장국

어린쑥

새순

레시피

- 봄에 땅에서 올라온 쑥의 싹이나 어린잎을 채취하고 뿌리는 그대로 둔다.
- 흐르는 물에 깨끗하게 씻어내면서 흙과 이물질을 제거한다.
- 기호에 따른 된장국 양념을 준비한다.
- 쑥, 대파, 두부, 멸치, 청양고추 등을 된장국 재료로 넣어도 좋다.
- 약간 쓴맛도 있지만 된장과 어우러져 구수하고 그윽한 쑥향을 느낄 수 있다.

쑥의 꽃

쑥의 잎

뿌리에서 올라온 잎은 원줄기가 높이 1~1.5m로 자라기 시작하면 시들어 사라진다. 잎은 깊게 갈라져 깃꼴이 되고 뒷면에 백색털이 있다. 꽃은 7~9월에 원뿔모양꽃차례로 자잘한 꽃이 무리지어 달린다.

특징 쑥은 10여 품종이 있는데 이중 쑥과 참쑥의 어린잎은 식용 목적으로 채취하고 뿌리에서 올라온 잎을 채취한다. 약용 목적의 쑥은 꽃대가 올라온 후 꽃이 피기 전에 줄기째 채취해 그늘에서 말린 뒤 약용한다.

채취 산과 들판의 길가, 풀밭 등에서 자생한다. 봄철에 뿌리에서 올라온 부드러운 잎을 채취하여 식용한다. 재래시장이나 마트 등에서 쑥나물을 쉽게 구입할 수 있다.

채취시기 4~5월

식용부위 어린잎

식용방법 각종 국, 쑥버무리, 쑥떡

약용 효능 지혈, 부스럼, 안태, 여성병에 좋고 기혈을 다스린다.

채취시기	1	2	3	4	5	6	7	8	9	10	11	12

모시대 초롱꽃과 | 전국의 깊은산, 계곡가

Adenophora remotiflora

🌸 꽃 : 8~9월   ✏️ 높이 : 1m   ✂️ 식용 : 어린잎

모시대나물 무침

어린잎

레시피

- 봄에 땅에서 올라온 모시대의 싹이나 어린잎을 채취한다.
- 흐르는 물에서 깨끗하게 씻어 흙과 이물질을 제거한다.
- 간장으로 무치되 간장맛이 싫다면 소금, 다진 마늘, 대파, 참기름 등으로 양념하여 무칠 수 있다.
- 참나물과 비슷한 맛으로 먹을 수 있는 나물이다.

모시대 새순

모시대 꽃

뿌리에서 올라온 잎은 참나물처럼 긴 잎자루가 있다. 원줄기는 높이 0.4~1m로 자라고 줄기 잎은 어긋나게 달린다. 잎은 깊게 갈라져 깃꼴이 되고 뒷면에 백색털이 있다. 꽃은 8~9월에 초롱 모양의 자주색 꽃이 원뿔 모양꽃차례로 달린다.

특징 모시대의 유사종은 잎과 뿌리를 식용하는 '잔대'가 있다. 모시대의 잎은 잔대 잎에 비해 부드럽지 않지만 참나물과 비슷하므로 참나물과 비슷한 나물반찬을 만들 수 있다.

채취 깊은 산이나 높은 산의 계곡가의 풀밭, 약간 음지에서 소규모 군락을 이루면서 자생한다. 지면에서 올라온 어린잎을 채취할 수 있다. 봄철에는 전통 재래시장이나 지역 5일장에서 팔기도 한다.

채취시기 4~5월

식용부위 어린잎

식용방법 간장 무침, 고추장 무침

약용 효능 해수, 담에 좋고 복통에도 효능이 있다.

채취시기	1	2	3	4	5	6	7	8	9	10	11	12

싱아
초롱꽃과 | 오염되지 않은 산야

Adenophora remotiflora

꽃 : 8~9월　　　　높이 : 1m　　　　식용 : 어린잎

싱아나물 무침

잎(묵나물)

새순

레시피

- 싱아의 부드러운 잎을 채취한다.
- 채취한 잎을 흐르는 물에 깨끗하게 씻어낸다.
- 끓는 물에 데친 뒤 찬물에 우려내어 물기를 꽉 짜낸다.
- 기호에 따라 간장이나 고추장 양념으로 무치거나 참기름으로 볶는다.
- 씹는 맛이 있고 식감이 부드럽다. 약간 시큼한 맛이 난다.

싱아의 꽃

싱아의 뾰족한 잎

원줄기는 높이 1m로 자라고 잔가지가 많이 갈라진다. 잎은 줄기에서 어긋나고 난상타원형~피침형이다. 꽃은 6~8월에 자잘한 흰색 꽃이 원뿔모양을 이루면서 총상꽃차례로 달린다.

특징 싱아, 긴개싱아, 왜개싱아 등 다양한 품종이 있지만 나물로 가식할 때는 모두 같은 싱아로 취급하고 가식한다. 싱아 잎은 예로부터 시큼한 맛으로 남획이 심했던 식물이므로 가급적 어린잎을 피해 성숙한 잎을 채취한다.

채취 50여년 전만 해도 길거리에서 흔하게 자생했지만 지금은 오염되지 않은 깊은 산 능선이나 외진 임도에서 자생한다. 멸종을 방지하기 위해 가급적 어린잎보다는 조금 성숙한 잎을 채취할 것을 권장한다.

채취시기 4~7월

식용부위 어린잎

식용방법 묵나물, 된장 무침

약용 효능 해열, 종기에 효능이 있다.

채취시기	1	2	3	4	5	6	7	8	9	10	11	12

명아주
명아주과 | 시골의 길가, 들판, 풀밭

Chenopodium album

🌼 꽃 : 6~7월　　　　✏️ 높이 : 1~2m　　　　🌿 식용 : 싹, 어린잎

명아주나물 무침

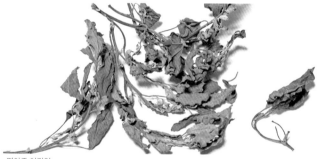

명아주 어린잎

레시피

- 꽃이 피기 전의 부드러운 어린잎을 채취한다.
- 쌉싸름한 맛이 나므로 끓는 물에 데친 뒤 약 30분 정도 찬물에 우려낸다.
- 기호에 따라 간장, 된장, 또는 고추장과 마늘, 설탕 등으로 양념을 만든다.
- 삶은 나물과 양념을 섞어 잘 버무린 후 참기름을 한 방울 넣는다.
- 아삭한 식감이 있어 무난하게 먹을만한 나물 맛이다.

새순

명아주의 줄기

줄기는 높이 1~2m로 자라고 잎은 어긋나게 달린다. 잎 모양은 삼각꼴이
고 가장자리에 불규칙한 톱니가 있다. 6~7월이면 작은 알갱이처럼 생긴
꽃이 피고 육안으로는 꽃처럼 보이지 않는다.

특징 명아주는 어린잎 중심부에 약간 붉은빛이 돈다. 어린잎의 중심부에
약간 흰빛이 도는 것은 '흰명아주'라고 한다. 명아주의 굵은 줄기는 가볍
고 단단하기 때문에 예로부터 '청려장'이라고 불리는 지팡이의 재료로 사
용했다.

채취 농촌의 길가나 풀밭, 빈터, 빈집 마당, 도심의 공원 풀밭, 왕릉 산책
로에서 흔히 볼 수 있다. 오염되지 않은 곳에서 꽃이 피기 전의 어린잎을
손으로 수확하고 뿌리는 그대로 둔다.

채취시기 4~8월

식용부위 싹, 어린잎

식용방법 고추장 무침, 된장 무침

약용 효능 강장, 청혈, 설사, 살충의 효능이 있다.

채취시기	1	2	3	4	5	6	7	8	9	10	11	12

고들빼기 국화과 | 전국의 산야

Crepidiastrum sonchifolium

🌼 꽃 : 7~9월　　📏 높이 : 0.2~1m　　🌿 식용 : 어린잎과 뿌리

고들빼기 김치

고들빼기

고들빼기 새순

레시피

- 고들빼기 나물을 깨끗이 씻어 끓는 물에 충분히 데친 뒤 물기를 짜낸다.
- 마늘, 설탕, 소금, 참깨, 고추가루, 참기름 등으로 양념을 만든다.
- 데친 나물과 양념을 버무려 맛깔나게 무친다.
- 쌉싸름한 맛의 고들빼기 김치는 데치지 않고 싱싱한 날것을 여러 가지 양념을 곁들여 김치로 담그는데 김치로 담그는 것이 훨씬 맛있다.

고들빼기의 꽃

고들빼기의 잎

두해살이풀로 높이 10~80cm로 자란다. 꽃 모양이 씀바귀와 비슷하지만 더 높이 자라므로 구별할 수 있다. 줄기 잎은 어긋나고 잎자루 밑이 줄기를 귀처럼 감싸는 특징이 있다.

특징 도시의 풀밭에서 볼 수 있는 고들빼기는 대부분 고들빼기의 유사종인 '이고들빼기'이다. 이고들빼기는 줄기 하단잎의 잎자루는 줄기를 감싸지만 상단잎은 줄기를 감싸지 않는 특징이 있다.

채취 논둑이나 밭둑, 농촌의 풀밭, 묘지에서 흔히 자생한다. 꽃이 피기 전 어린잎을 뿌리를 포함해 채취하되 모종삽으로 주변을 파낸 뒤 채취한다. 또는 재배농가나 재래시장 등에서 고들빼기를 쉽게 구입할 수 있다.

채취시기 2~5월

식용부위 어린잎과 뿌리

식용방법 김치, 고추장 무침, 된장 무침

약용 효능 각종 통증, 염증, 설사, 해독에 효능이 있다.

채취시기	1	2	3	4	5	6	7	8	9	10	11	12

쑥부쟁이 국화과 | 남부지방의 산야

Aster yomena

꽃 : 7~9월　　　높이 : 0.3~1m　　　식용 : 어린잎

쑥부쟁이나물

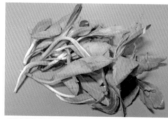

쑥부쟁이 어린잎

새순

레시피

- 봄철, 부드러운 어린잎을 준비한다.
- 어린잎을 물에 깨끗이 씻어 끓는 물에 충분히 데친 뒤 물기를 짜낸다.
- 마늘, 설탕, 소금, 참깨, 참기름 등으로 양념을 만든다.
- 데친 나물과 양념을 버무려 맛깔나게 무친다.
- 맛은 약간 쌉싸름하고 육질이 두툼해 씹는 맛이 좋다.

쑥부쟁이의 꽃

쑥부쟁이의 잎

줄기는 높이 30~100cm로 자란다. 7~10월에 개화하는 꽃은 연한 자색이고, 개미취의 꽃과 비슷하지만 더 흰빛을 띤다. 잎은 어긋나고 난상 긴 타원형으로 가장자리가 큰 톱니가 있지만 줄기 상단의 잎은 점점 톱니가 사라진다.

특징 쑥부쟁이와 꽃 모양이 비슷한 식물로는 '섬쑥부쟁이(부지갱이나물)', '미국쑥부쟁이', '개미취', '구절초'가 있다. 미국쑥부쟁이는 늦가을에 피고 꽃이 작다. 구절초는 잎이 깃 모양으로 깊게 갈라진다. 개미취는 키가 크고 줄기가 많이 갈라진다.

채취 남부지방의 산야에서 자생하며 보통 작은 군락을 이룬다. 봄철에 땅에서 올라오는 어린잎을 손으로 뜯어서 채취하되 뿌리는 그대로 둔다.

채취시기 4~6월

식용부위 어린잎

식용방법 간장 무침, 고추장 볶음

약용 효능 전초를 약용한다. 주로 기침, 가래, 해열, 해독에 효능이 있다.

채취시기	1	2	3	4	5	6	7	8	9	10	11	12

섬쑥부쟁이 (부지갱이나물)

국화과 | 울릉도, 남부지방에서 재배

Aster glehni

🌼 꽃 : 8~9월   ✏️ 높이 : 0.8~1.5m   🌿 식용 : 어린잎

부지갱이나물 무침

어린잎

새순

레시피

- 재래시장이나 마트 등에서 부지갱이나물을 구입한다.
- 찬물에 깨끗이 씻어 잎을 끓는 물에 데친 뒤 물기를 짜낸다.
- 기호에 맞는 마늘, 설탕, 소금, 참깨, 식초, 참기름 등으로 양념을 만든다.
- 데친 잎과 양념을 잘 버무려 맛깔나게 무친다.
- 약간 쌉싸름한 맛이 나지만 순하고 상큼한 식미를 가지고 있다.

섬쑥부쟁이의 꽃

섬쑥부쟁의 잎

줄기는 높이 80~150cm로 자란다. 잎은 가장자리에 불규칙한 톱니가 있지만 쑥부쟁이 잎에 비해 더 크다. 꽃은 쑥부쟁이에 비해 조금 작지만 무리지어 달린다.

특징 나물로 섭취할 때는 쑥부쟁이에 비해 섬쑥부쟁이가 훨씬 맛있기 때문에 '참취나물'급 나물이라는 뜻에서 '취나물'이라는 이름으로 판매되기까지 한다. 물론 참취나물에 비하면 맛은 덜하지만 가성비가 좋아 사람들에게 인기가 매우 높다.

채취 원래의 자생지는 울릉도이다. 요즘은 제주도와 남부지방 등에서 대규모로 재배한 것을 시장에 출하한다. 시장에서는 '취나물', '제주취나물', '섬쑥부쟁이', '쫑취나물' 등 다양한 이름으로 판매한다.

채취시기 4~6월

식용부위 어린잎

식용방법 간장 무침, 볶음

약용 효능 몸의 염증을 가라앉히고 균을 죽이는 효능이 있다.

채취시기	1	2	3	4	5	6	7	8	9	10	11	12

곰취 국화과 | 깊은 산의 계곡가, 습지

Ligularia fischeri

🌸 꽃 : 7~9월   ✏️ 높이 : 1~2m   🌿 식용 : 어린잎

곰취나물 무침

곰취 어린잎

곰치 잎

레시피

- 재래시장이나 마트에서 곰취 잎을 구입한다.
- 흐르는 물에 깨끗이 씻어 끊는 물에 살짝 데친 뒤 물기를 짜낸다.
- 기호에 따라 마늘, 설탕, 소금, 참깨, 참기름을 넣고 달달 볶는다.
- 약간 쌉싸름한 맛에 고소하고 특유의 향취가 난다.
- 흔히 쌈채소로 먹고 나물 볶음요리도 아주 맛있다.

50

곰취의 꽃

톱니모양의 잎

꽃대는 높이 1~2m로 자라고 하단부에 부채처럼 큰 잎이 달린다. 흔히 먹는 곰취 잎은 뿌리에서 올라온 어린잎을 수확한 것이다. 여름에서 가을 사이에 피는 노란색 꽃은 총상꽃차례로 달린다.

특징 산에서 곰취 잎을 채취할 때는 독초인 동의나물과 혼동하지 않도록 주의해야 한다. 곰취는 잎 가장자리에 불규칙한 톱니가 있고 동의나물은 잎 가장자리의 톱니가 둥글거나 뾰족한 것이 섞여 있으므로 이런 점 등으로 구별할 수 있다.

채취 원래의 자생지는 깊은 산의 습지나 계곡가의 비탈진 산록이다. 요즘은 강원도 고랭지에서 재배하여 사시사철 시장에 출하한다. 이른 봄부터 꽃이 피기 전까지의 야들야들한 어린잎을 손으로 채취한다.

채취시기 4~6월

식용부위 어린잎

식용방법 쌈, 볶음, 장아찌

약용 효능 항암, 노화예방, 기침, 가래에 효능이 있다.

채취시기	1	2	3	4	5	6	7	8	9	10	11	12

광대수염 꿀풀과 | 산야의 풀밭이나 길가

Lamium album

🌼 꽃 : 5~6월　　　✏️ 높이 : 30~60cm　　　🌿 식용 : 어린잎

광대수염나물 무침

어린잎

꽃대

레시피

- 봄철에 오염되지 않은 산과 들에서 어린잎을 채취한다.
- 채취한 어린잎을 흐르는 물에 씻어 끓는 물에 데친 뒤 물기를 짜낸다.
- 담백한 맛의 나물이므로 마늘, 매실, 소금, 들깨, 들기름 등 갖은양념으로 맛을 내는 것이 좋다.
- 나물과 양념을 잘 버무려 조물조물 무친다.
- 특별한 맛을 주는 나물은 아니어도 담백한 봄나물로 먹을 만하다.

광대수염의 잎

광대수염의 꽃

네모진 줄기는 높이 30~60cm로 자라고 잎은 마주나고 깻잎과 비슷하게 생겼다. 꽃은 5~6월에 피고 연한 홍색을 띤 흰색이고 잎겨드랑이에서 5~6개씩 돌려나는 것처럼 달린다. 전체에 털이 있다.

특징 광대수염과 비슷한 식물로는 '속단'과 '송장풀'이 있다. 셋 다 꿀풀과의 식물이므로 광대수염과 같은 것으로 취급하고 나물로 먹어볼만 하지만 특별히 맛있는 나물은 아니다.

채취 자생지는 주로 산과 들의 풀밭이나 언덕, 길가이다. 5월 전후에 꽃이 피기 전에 부드러운 어린잎을 손으로 채취한다. 잘 구별이 가지 않으면 꽃이 막 피었을 때 줄기 상단의 부드러운 잎을 채취한다.

채취시기 4~6월

식용부위 어린잎

식용방법 간장 무침, 들깻가루 무침

약용 효능 전초를 약용. 혈액순환, 부종, 간염, 여성병에 효능이 있다.

채취시기	1	2	3	4	5	6	7	8	9	10	11	12

긴병꽃풀 꿀풀과 | 축축한 풀밭이나 길가

Glechoma grandis

꽃 : 4~5월　　　높이 : 10~25cm　　　식용 : 어린잎

긴병꽃풀나물 무침

어린잎

레시피

- 봄철에 산과 들에서 긴병꽃풀의 어린잎을 채취한다.
- 흐르는 물에 깨끗이 씻고 끓는 물에 데친 뒤 물기를 충분히 짜낸다.
- 간장, 마늘, 설탕, 참깨, 참기름 등으로 양념을 만든다.
- 나물과 양념을 버무려 무치되 맛은 쓴 편이고 박하향이 진하다.
- 쓰고 진한 박하향이 나므로 차로 우려 마셔도 좋다.

긴병꽃풀의 잎

긴병꽃풀의 꽃

여러해살이풀로 줄기는 모가 지고 높이 10~25cm로 자란다. 잎은 마주나고 둥근 동전 모양이다. 입술 모양의 꽃은 4~5월에 연한 자색으로 피고 열매는 6월에 결실을 맺는다.

특징 도심의 왕릉 등 큰 녹지공원의 나무 아래 풀밭에서 흔히 자란다. 비교적 이른 봄에 피어나지만 결석증에 좋다고 하여 민간에서는 더러 찾는 이들이 있다.

채취 나무 아래 축축한 풀밭이나 언덕, 길가에서 흔히 자생하며, 봄에 반짝하고 사라지므로 4~5월경 꽃이 피기 전 어린잎을 채취한다.

채취시기 3~5월

식용부위 어린잎

식용방법 간장 무침, 차

약용 효능 민간에서는 전초를 결석증에 약용한다.

채취시기	1	2	3	4	5	6	7	8	9	10	11	12

55

꿀풀(가지골나물) 꿀풀과 | 산야의 양지바른 풀밭

Prunella vulgaris

🌸 꽃 : 5~7월   ✏️ 높이 : 10~30cm   ✂️ 식용 : 어린잎

나물 무침

어린잎

새순

레시피

- 봄에 꽃이 피기 전의 어린잎을 채취한다.
- 채취한 잎은 흐르는 깨끗이 씻고 끓는 물에 데친 뒤 물기를 충분히 짜낸다.
- 기호에 따라 고추장, 마늘, 설탕, 참깨, 참기름 등으로 양념을 만든다.
- 나물과 양념을 버무려 조물조물 무친다.
- 확 끌리는 맛은 아니어도 봄나물로는 나무랄 것이 없다.

꿀풀의 꽃대

꿀풀의 꽃

꽃대는 높이 10~30cm로 자라고 잎은 어긋난다. 이른 봄에는 꽃대가 나오지 않고 뿌리에서 올라온 잎이 먼저 자란다. 꽃 색깔은 보라색이고 흰색 품종은 특별히 '흰꿀풀'이라고 부른다. 잔뿌리가 사방으로 벋으면서 군락을 이룬다.

특징 '가지골나물'이라고도한다. 한방에서는 '하고초(夏枯草)'라는 이름으로 널리 알려져 있다. 하고초는 여름에 가장 일찍 마르며 죽는 풀이라는 뜻에서 이름 붙었다. 약용 부위는 과수(꽃이 달리는 부분) 부분이다.

채취 오염되지 않은 길가나 산야의 양지바른 풀밭에서 흔히 자생한다. 꽃이 피기 전의 어린잎을 손으로 채취하고 뿌리는 그대로 둔다.

채취시기 4~5월

식용부위 어린잎

식용방법 고추장 무침, 된장 무침

약용 효능 전초를 약용하되 이뇨, 고혈압, 유선염, 간염, 각종 여성병에 효능이 있다.

채취시기	1	2	3	4	5	6	7	8	9	10	11	12

벌깨덩굴

꿀풀과 | 산야의 습한 풀밭 주변

Meehania urticifolia

꽃 : 4~5월 　　높이 : 30~50cm 　　식용 : 어린잎

벌깨덩굴나물 무침

어린잎

새순

레시피

- 꽃이 피기 전의 어린잎을 채취하여 흐르는 물에 깨끗이 씻는다.
- 끓는 물에 데치고 난 뒤 찬물에 30분 정도 우려내어 물기를 짜낸다.
- 기호에 맞게 간장, 고춧가루, 마늘, 설탕, 참깨, 참기름 등으로 양념을 만든다.
- 나물과 양념을 버무려 조물조물 무친다.
- 특별한 맛은 없으나 봄철에 담백한 나물반찬으로 삼을 만하다.

벌깨덩굴의 꽃술

벌깨덩굴의 꽃

줄기는 네모지고 높이 30~50cm로 자란다. 잎은 마주나기하고 잎의 모양
은 작은 깻잎처럼 생겼고 표면은 울퉁불퉁하다. 입술 모양의 보라색 꽃은
5월에 피고 꿀샘이 발달해 벌들이 많이 찾는 밀원식물이다.

특징 민트류와 쐐기풀류의 중간 쯤에 해당하는 식물로서 다른 식물에 비
해 박하향은 덜한 편이다. 유사종은 흰색 꽃이 피는 품종과 붉은색 꽃이
피는 품종이 있다.

채취 산야의 오염되지 않은 풀밭이나 습한 주변에서 볼 수 있다. 꽃이 피
기 전의 어린잎을 손으로 채취하되 뿌리는 그대로 둔다.

채취시기 4~5월

식용부위 어린잎

식용방법 간장 무침, 볶음, 차

약용 효능 전초를 약용하되 지통, 해열, 항염의 효능이 있다.

채취시기	1	2	3	4	5	6	7	8	9	10	11	12

달래&산달래 백합과 | 산야의 풀밭이나 길가

Allium monanthum

🌼 꽃 : 4월   ✏️ 높이 : 10cm   🌿 식용 : 전초

달래참치볶음

산달래

레시피

- 시중에서 구입하는 달래는 재배한 산달래를 달래라고 이름붙여 판매하는 것이 대부분이다.
- 우선 달래뿌리에 묻은 흙을 깨끗이 문질러서 씻어낸다.
- 씻은 달래를 기호에 맞게 고춧가루, 소금, 마늘, 설탕, 참깨 등과 버무린다.
- 달래볶음은 연어나 참치 통조림 등을 넣어 함께 볶아서 먹어도 좋다.
- 된장을 넣어 시원한 달래 된장국과 달래를 잘게 잘라 양념한 장도 일품이다.

산달래의 꽃

달래 무침

달래는 높이 10cm로 자라고 잎은 1~2개, 꽃도 1~2개 달린다. 산달래는 높이 30~100cm, 잎은 2~9개, 긴 꽃대가 올라온 뒤 자잘한 꽃이 우산모양 꽃차례로 둥글게 모여 달린다. 꽃 모양은 부추나 양파 꽃과 비슷하다.

특징 달래 꽃은 이른 봄인 4월에 피고, 산달래는 5~6월에 핀다. 마트에서 판매하는 달래는 대부분 산달래를 재배한 것이다. 달래는 오염되지 않은 산에서나 볼 수 있다.

채취 오염되지 않은 산야의 풀밭, 길가, 비탈진 사면에서 자생한다. 꽃이 피기 전에 잎을 채취하되 쉽게 만나기는 어려우므로 보통은 재래시장, 5일장, 마트 등에서 구할 수 있다.

채취시기 4~5월

식용부위 어린잎

식용방법 무침, 볶음, 된장국, 달래장, 김치

약용 효능 전초를 약용하되 뭉친 것을 풀어주고 가슴이 아픈 증세에 효능이 있다.

채취시기	1	2	3	**4**	**5**	6	7	8	9	10	11	12

딱지꽃 장미과 | 산야의 물가 옆 풀밭

Potentilla chinensis

꽃 : 6~7월　　　높이 : 30~60cm　　　식용 : 어린잎

어린순나물

어린순

새순

레시피

- 깊은 산길에서 찾아보면 딱지꽃이 흔히 보이는데 아주 어린잎이나 싹을 채취하는 것이 좋다.
- 채취한 딱지꽃 어린잎은 물로 깨끗하게 씻는다.
- 끓는 물에 충분히 데친 뒤 찬물에 30분 동안 우려낸다.
- 물기를 뺀 잎을 기호에 맞게 마늘과 소금, 들기름 등을 넣어 볶는다.
- 고추장이나 된장으로 무쳐도 되지만 기름으로 볶는 것이 훨씬 맛있다.

딱지꽃의 노란색 꽃

딱지꽃의 잎

뿌리에서 잎이 올라온 뒤 줄기가 높이 30~60cm로 자란다. 뿌리잎은 방석처럼 퍼지고, 줄기잎은 어긋난다. 꽃은 6~7월에 황색으로 피는데 양지꽃이나 뱀딸기꽃과 비슷하지만 잎 모양이 다르므로 쉽게 구별할 수 있다.

특징 뿌리에서 올라온 잎이 지면에 딱 붙어서 자라기 때문에 딱지꽃이란 이름이 붙었다. 흙먼지로 뒤덮혀 있는 잎이 많으므로 가급적 깨끗한 잎을 채취한 큰 것이 좋다.

채취 오염되지 않은 산과 들판의 물가 옆 풀밭, 길가에서 자생한다. 꽃이 피기 전의 어린싹이나 잎을 채취하고 뿌리는 그대로 둔다.

채취시기 4~6월

식용부위 어린잎

식용방법 들기름 볶음, 고추장 무침, 된장국, 차

약용 효능 전초를 약용하되 근육통, 이질, 사지마비에 효능이 있다.

채취시기	1	2	3	4	5	6	7	8	9	10	11	12

마 (참마, 산마) 마과 | 오염되지 않은 산야

Dioscorea japonica

🌸 꽃 : 6~7월　　　✏️ 높이 : 1~5m　　　🌿 식용 : 어린잎, 뿌리

어린순나물

참마의 잎

참마

레시피

- 성숙한 잎은 질기고 쓴맛이 나므로 봄철의 어린싹을 채취하는 것이 좋다.
- 채취한 잎을 물에 씻어 끓는 물에 데친 뒤 차가운 물에 30분 정도 우려낸다.
- 기호에 맞게 간장, 마늘, 설탕, 참깨, 참기름 등으로 양념을 만든다.
- 나물과 양념을 버무려서 조물조물 무친다.
- 육질이 있어 씹는 식감이 있고 맛은 약간 쌉싸름하지만 맛있다.

참마의 꽃

마의 꽃과 잎

길이는 1~5m로 자라고 덩굴 속성이 있어 다른 나무나 울타리를 타고 오른다. 잎은 마주나거나 돌려난다. 잎 모양은 보통 삼각형이고 털이 없다. 꽃은 7~8월에 피고 암수딴그루이다.

특징 마는 일반적으로 재배한 것을 말하고 '참마'는 산마라고도 하며 산에서 자생한다. 참마는 잎 모양이 긴타원상 삼각형이다. '단풍마'는 잎 모양이 삼각형인데 단풍잎처럼 갈라져있다.

채취 오염되지 않은 산야에서 자생하며 더덕과 달리 시골의 한적한 길가나 논두렁에서도 볼 수 있다. 뿌리를 채취할 때는 삽으로 뿌리 주위 흙을 걷어내면서 뿌리를 찾아간다. 잎을 채취하려면 가급적 싹을 채취한다.

채취시기 잎은 봄철, 뿌리는 늦가을철

식용부위 어린잎, 뿌리

식용방법 간장 무침, 고추장 무침

약용 효능 뿌리를 약용하며 자양강장, 보신, 스테미너 증진, 설사, 허로, 당뇨에 효능이 있다.

채취시기	1	2	3	4	5	6	7	8	9	10	11	12

독활(땅두릅) 두릅나무과 | 전국의 산야

Aralia cordata

🌼 꽃 : 7~8월   ✎ 높이 : 1.5~2m   🦋 식용 : 새싹

땅두릅 무침

독활의 어린순(땅두릅)

새순

레시피

- 재래시장이나 마트에서 땅두릅을 구입할 수 있다.
- 물에 깨끗이 씻은 뒤 끓는 물에 땅두릅을 데친다.
- 기호에 따라 간장이나 고추장, 마늘, 설탕, 식초, 참깨 등으로 양념한다.
- 땅두릅과 양념을 잘 버무려 무친다.
- 땅두릅은 데쳐서 그냥 초장에 찍어 먹거나 장아찌 또는 무침 반찬으로 다양하게 먹을 수 있는 인기 봄나물이다.

독활의 꽃

독활의 잎

줄기는 높이 1.5~2m로 자란다. 나무처럼 보이지만 여러해살이풀이다. 잎은 어긋나고 기수2회우상복엽으로써 드릅나무(참두릅) 잎과 비슷하다. 꽃은 7~8월에 원뿔모양꽃차례로 모여 달린다.

특징 독활의 새순은 땅에서 올라온 싹을 말하며, 시장에서는 땅두릅 또는 두릅이라는 이름으로 판매한다. '참두릅'은 두릅나무의 줄기에서 올라온 새순을 말한다.

채취 산야에서 자생하지만 보통은 농촌에서 특용작물로 재배한다. 꽃이 피기 전인 3~4월경 땅에서 올라오는 새순을 채취하되 뿌리는 남겨두고 칼로 잘라서 채취한다. 재래시장, 마트 등에서 구입할 수도 있다.

채취시기 3~4월

식용부위 새싹

식용방법 무침, 장아찌, 쌈, 조림

약용 효능 혈액순환, 부종, 발한, 이뇨, 두통, 감기, 신경통에 효능이 있다.

채취시기	1	2	3	4	5	6	7	8	9	10	11	12

봄망초&개망초 국화과 | 농촌의 길가, 공원, 들판

Erigeron philadelphicus

🌼 꽃 : 6~9월　　　✐ 높이 : 0.5~1m　　　🌿 식용 : 새싹, 어린잎

봄망초나물 무침

봄망초 어린잎

새순

레시피

- 봄철에, 밭둑 등에서 뿌리는 놔두고 어린잎 위주로만 채취한다.
- 물에 씻은 뒤 끓는 물에 충분히 데치고 찬물에 우려내어 물기를 짜낸다.
- 기호에 따라 소금, 마늘, 설탕, 참깨 등의 양념을 만든다.
- 나물과 양념을 버무린 후 참기름 등으로 볶는다.
- 마땅한 나물반찬이 없을 때 무난하게 먹을 수 있는 나물이다.

봄망초의 꽃   개망초 꽃과 줄기

줄기는 높이 0.5~1m로 자라고, 잎은 어긋나게 달린다. 꽃은 6~9월에 피는데 보통 줄기가 비어 있고 봄에 피는 것은 '봄망초', 여름~가을에 피는 것은 '개망초'라고 부르지만 둘 다 같은 품종이다.

특징 개망초는 미국의 철도 침목이 국내로 수입될 때 침목에 묻어온 씨앗이 철길을 따라 퍼지면서 자연스럽게 번식된 것으로 추정한다. 지금은 전국에서 흔히 볼 수 있을 정도로 번식력이 매우 왕성한 풀꽃이다.

채취 농촌의 길가나 풀밭, 밭두렁은 물론 도시의 야산 풀밭, 공원 풀밭에서도 흔히 자생한다. 봄철에 땅에서 올라오는 어린잎을 손으로 채취하되 뿌리는 그대로 둔다.

채취시기 4~5월

식용부위 새싹, 어린잎

식용방법 간장 무침, 참기름 볶음

약용 효능 청열, 소화, 해독, 설사, 간염에 효능이 있다.

채취시기	1	2	3	4	5	6	7	8	9	10	11	12

메밀
마디풀과 | 시골 길가, 공원, 들판

Fagopyrum esculentum

🏮 꽃 : 7~10월 　　　 ✏️ 높이 : 70cm 　　　 ✂️ 식용 : 새싹, 어린잎, 씨앗

매밀전병

레시피

- 봄철, 시골 길가나 논밭길을 걷다보면 메밀이 자라는 것을 볼 수 있다. 어린잎을 채취하거나 산나물 가게 등에서 메밀싹을 구입한다.
- 끓는 물에 데친 뒤 찬물에 우려내고 물기를 짜낸다.
- 기호에 따라 간장, 소금, 마늘, 설탕, 참깨 등으로 버무린다.
- 씨앗 분말은 밀가루와 섞어 전병, 메밀전, 국수 등으로 해먹을 수 있다.

메밀의 어린순

메밀의 꽃과 줄기

높이 70cm로 자라는 한해살이풀이다. 잎은 어긋나기하고 삼각형 모양이 므로 잎을 보면 바로 알아볼 수 있다. 꽃은 7~10월에 잎겨드랑이와 가지 끝에서 총상꽃차례로 자잘한 꽃이 모여 달린다.

특징 중국에서 전래되어 구황작물로 재배하던 것이 건강식이 붐을 이루 면서 국수 형태로 많이 보급되었다. 이 식물의 씨앗인 메밀분말을 밀가루 나 쌀가루와 섞어서 만든 것이 메밀국수, 막국수, 메밀전, 메밀전병 등이 다. 모밀국수는 메밀국수를 일식집에서 부르는 말이다.

채취 메밀밭에서 재배하던 것이 널리 퍼져 시골 길가나 풀밭에서 더러 볼 수 있다. 봄에 땅에서 올라오는 어린잎을 채취하거나 시장의 산나물 가게 에서 판매하는 것을 구입한다.

채취시기 4~5월

식용부위 새싹, 어린잎, 씨앗

식용방법 무침, 볶음, 메밀전, 국수

약용 효능 귀와 눈에 좋고 종기, 고혈압, 당뇨성 망막증을 예방한다.

채취시기	1	2	3	4	5	6	7	8	9	10	11	12

머위 국화과 | 산야의 습지 주변

Petasites japonicus

🌱 꽃 : 4~5월　　　　📐 높이 : 10~50cm　　　　🌿 식용 : 어린잎, 잎자루

머위나물

머위의 어린잎

머위의 잎

레시피

- 재래시장이나 마트에서 머위잎이나 머우대를 구입해 준비한다.
- 구입한 머위잎을 물에 씻고 끓는 물에 데친 뒤 찬물에 3회 이상 우려낸다.
- 기호에 따라 된장, 소금, 마늘, 설탕, 매실, 들깨 등의 양념으로 버무린다.
- 머위대 조림은 잎자루를 들깨와 버무린 후에 졸여서 먹는다.
- 머위 정과는 머위대를 얇은 편으로 잘라 물엿을 넣고 졸인다.

머위의 꽃　　　　　　　　　　　머위대나물(잎자루)

이른 3~4월에 땅에서 잎이 먼저 올라온 뒤 자잘한 흰색 꽃이 모여 달린다. 꽃이 쓰러지면 잎자루가 길어지면서 잎이 부채처럼 크게 자란다. 어린잎은 나물로 사용하고, 성숙한 잎자루는 머위대 혹은 머우대라고 부르며 식용한다.

특징 머위 꽃은 암수가 있고 길게 자라는 것이 암꽃이다. 머위대 나물은 흔히 머위의 줄기로 알고 있는데 실은 머위에는 줄기가 없다. 시장에서 볼 수 있는 머위대는 부채처럼 큰 잎에 달려있는 잎자루를 말한다.

채취 남부지방 산간 지역의 습한 곳에서 자생한다. 어린잎은 깻잎 크기일 때 채취한다. 또는 여름이 가까워지면 잎이 부채처럼 커지는데 그때 잎자루를 수확한다.

채취시기 4~5월

식용부위 어린잎, 잎자루

식용방법 참기름 볶음, 무침, 정과

약용 효능 어혈, 해독, 종기, 지통, 편도선염에 효능이 있다.

채취시기	1	2	3	4	5	6	7	8	9	10	11	12

민들레 국화과 | 전국의 산야, 풀밭, 길가

Taraxacum platycarpum

🌷 꽃 : 4~5월　　　📐 높이 : 30cm　　　🌱 식용 : 어린잎

민들레잎 무침

어린잎

방석처럼 퍼지는 민들레 줄기잎

레시피

- 봄철, 오염되지 않은 들판이나 길가에서 잎을 채취하거나 시장에서 민들레 잎을 구하여 물에 깨끗이 씻는다.
- 쓴맛이 강하므로 끓는 물에 데친 뒤 찬물에서 3회 이상 우려낸다.
- 간장무침은 마늘, 설탕, 매실, 고춧가루, 참깨, 참기름 등으로 버무린다.
- 고추장무침은 마늘, 설탕, 참깨, 매실, 참기름 등으로 버무린다.
- 약간 두툼한 듯한 식감에 맛도 봄나물로 좋다.

민들레의 꽃

총포조각 아래로 젖혀있는 서양민들레

원줄기는 없고 뿌리에서 올라온 잎이 방석처럼 퍼진다. 원줄기 대신 꽃대가 높이 30cm로 줄기처럼 올라온 뒤 노란색 꽃이 4~5월에 핀다. 열매는 솜털 같은 씨앗들이 둥근 공처럼 모여서 달린 뒤 바람에 의해 날아가서 번식한다.

특징 민들레는 서양민들레와 토종 민들레가 있다. 서양민들레는 꽃받침 아래의 총포조각이 뒤로 젖혀있고 토종민들레는 총포가 젖혀있지 않고 꽃잎 아래쪽을 감싼다.

채취 농촌의 길가, 풀밭, 야산의 입구 등에서 흔히 자생한다. 꽃이 피기 전 뿌리는 그대로 두고 어린잎을 채취한다. 주로 봄에 채취하지만 여름, 가을에도 어린잎이 보이면 채취할 수 있다.

채취시기 이른 봄, 가을

식용부위 어린잎

식용방법 간장 무침, 고추장 무침

약용 효능 전초를 약용하며 청열, 해독, 이뇨, 감기, 기관지염, 간염에 효능이 있다.

채취시기	1	2	**3**	**4**	5	6	7	8	**9**	**10**	**11**	12

갯기름나물(방풍나물) 산형과 | 남부지방과 도서지역

Peucedanum japonicum

🌸 꽃 : 6~8월   ✏️ 높이 : 0.5~1m   🌿 식용 : 어린잎

방풍나물 무침

어린잎

갯기름나물의 잎

레시피

- 재래시장이나 마트에서 구입한 방풍나물을 깨끗이 씻어 준비한다.
- 끓는 물에 데친 뒤 찬물로 우려내어 물기를 짜낸다.
- 기호에 맞게 된장, 소금, 마늘, 설탕, 매실, 들깨와 함께 버무린다.
- 된장무침 외에 고추장무침과도 잘 어울린다.
- 맛은 고소하고 식감은 두툼하다. 보통의 나물보다 맛있다.

갯기름나물의 꽃

갯기름나물의 줄기

줄기는 높이 0.5~1m로 자라고 잔가지가 많이 갈라진다. 잎은 어긋나고 2~3회 우상복엽이고 둥근 잎이 손가락 모양으로 갈라진다. 꽃은 6~8월에 겹우산모양꽃차례로 자잘한 꽃이 모여달린다.

특징 식물학적 정식명칭은 갯기름나물이지만 재래시장이나 마트에서는 '방풍나물'이란 이름으로 팔리고 있다. 한방에서의 '방풍'이라 불리는 약초는 방풍나물과 다른 약초(감기 및 관절치료)이므로 혼동하지 않도록 한다.

채취 남부지방과 울릉도, 제주도 등에서 자생하던 것이 나물로 인기를 얻으면서 지금은 대규모로 재배되어 출하하고 있다. 시장이나 마트에서 방풍나물을 구입하면 된다.

채취시기 4~6월

식용부위 어린잎

식용방법 간장 무침, 된장 무침

약용 효능 감기, 두통, 지통, 가벼운 팔저림에 효능이 있다.

채취시기	1	2	3	4	5	6	7	8	9	10	11	12

#해방풍 #방풍나물과비슷 #붉은자줏빛줄기 #쌉싸래한맛

갯방풍(해방풍) 산형과 | 해안가의 모래사장

Glehnia littoralis

꽃 : 6~7월　　　높이 : 10~30cm　　　식용 : 어린잎

갯방풍나물 무침

어린잎

레시피

- 재래시장 등에서 구입한 해방풍을 물에 잘 씻어 준비한다.
- 잎의 질감은 다소 뻣뻣하지만 데친 뒤 찬물로 우려내면 부드러워진다.
- 나물에 된장, 소금, 마늘, 매실, 설탕, 들깨 양념으로 골고루 버무린다.
- 기호에 따라 된장이나 고추장으로 무치면 적당하다.
- 맛은 고소하고 식감이 두툼하여 아삭하다.

갯방풍의 잎

갯방풍의 꽃

줄기는 높이 10~30m로 자라고 잔가지가 많이 갈라진다. 잎은 어긋나고 2~3회 우상복엽이며 표면에 윤채가 난다. 잎 가장자리에는 불규칙한 톱니가 있다. 꽃은 6~8월에 자잘한 꽃이 공처럼 모여 달린다.

특징 '갯기름나물(방풍나물)'과 거의 비슷한 맛의 나물로 정식명칭은 갯방풍이며 '해방풍'이라는 이름으로 판매된다. 맛은 방풍나물에 비해 덜하고 재배종이 아닌 야생의 자연산 나물이어서 신선하다.

채취 해안가의 모래 사장에서 납작하게 붙어서 자라는 식물이다. 방풍나물과 거의 비슷하며 잎이 딱딱하고 윤채가 있다. 꽃 피기 전 잎과 줄기를 채취하고 뿌리는 그대로 둔다. 더러 5일장이나 재래시장 등에서 판매하기도 한다.

채취시기 4~6월

식용부위 어린잎

식용방법 간장 무침, 된장 무침

약용 효능 가래, 갈증에 효능이 있고 폐와 음을 보한다.

채취시기	1	2	3	4	5	6	7	8	9	10	11	12

바디나물 산형과 | 깊은 산의 계곡가 풀밭

Angelica decursiva

🌼 꽃 : 8~9월　　✏️ 높이 : 0.8~1.5m　　🌿 식용 : 어린잎

바디나물 무침

어린잎

어린줄기와 잎

레시피

- 이른 봄, 오염되지 않은 서식지에서 어린잎을 채취한다.
- 채취한 잎을 물에 씻어 끓는 물에 데친 뒤 찬물에 우려내어 물기를 짜낸다.
- 된장, 고추장, 간장은 물론 들깨 무침 등 어느 양념이든 잘 어울린다.
- 보통은 고추장 무침이나 들깨 무침이 좋다.
- 부드러운 식감을 자랑하며 봄철 나물로 제격이다.

바디나물의 꽃

깃 모양으로 갈라진 잎

줄기는 높이 0.8~1.5m로 자라고 잔가지가 많이 갈라진다. 잎은 깃 모양으로 갈라지고 잎자루에는 날개가 있다. 꽃은 8~9월에 겹우산모양꽃차례로 자잘한 자주색 꽃이 공처럼 모여 달린다.

특징 흰바디나물, 개구릿대, 사약채, 당귀, 지리강활 등의 유사종이 있는데 이중 지리강활은 독초이므로 채취할 때 조심해야 한다. 보통 잎몸에 있는 날개가 잎자루까지 얇게 흐르면 바디나물이라고 할 수 있다.

채취 산의 계곡 주변 풀밭이나 비탈길에서 볼 수 있다. 꽃이 피기 전 잎과 줄기를 채취하되 뿌리는 그대로 둔다.

채취시기 4~6월

식용부위 어린잎

식용방법 간장 무침, 고추장 무침

약용 효능 가래, 두통, 청혈, 해독의 효능이 있다.

채취시기	1	2	3	4	5	6	7	8	9	10	11	12

미나리냉이 십자화과 | 산야의 길가 풀밭

Cardamine leucantha

🌸 꽃 : 6~7월　　　✏ 높이 : 50~80cm　　　🌿 식용 : 싹, 어린잎

미나리냉이나물 무침

어린잎

새순

레시피

- 이른 봄, 싹이나 어린잎을 채취하여 물에 깨끗이 씻는다.
- 끓는 물에 데친 후 찬물에 우려내어 물기를 짜낸다.
- 간장이나 고추장 등으로 양념하여 무쳐 먹는다.
- 간장 무침은 마늘, 설탕, 참기름 등과 함께 버무리면 좋다.
- 쌉싸름한 맛을 즐기는 이들에게 추천할만하다.

미나리냉이의 꽃

미나리냉이의 잎

줄기는 높이 50~80cm로 자란다. 잎은 어긋나고 소엽은 5~7개, 잎의 생심새는 긴 삼각꼴이고 가장자리에 불규칙한 톱니가 있다. 꽃은 6~7월에 자잘한 흰색 꽃이 총상꽃차례로 달린다.

특징 잎은 미나리와 비슷하고 꽃은 냉이와 비슷하다고 하여 '미나리냉이'라는 이름이 붙었다. 냉이나 미나리처럼 인기있는 맛있는 나물은 아니어도 어린싹을 나물로 먹기에는 손색이 없다.

채취 산과 들판의 풀밭이나 개울가, 빈집 마당 등에서 흔히 자생한다. 꽃이 피기 전의 싹이나 어린잎을 채취하되 뿌리는 그대로 둔다.

채취시기 3~5월

식용부위 싹, 어린잎

식용방법 간장 무침, 고추장 볶음

약용 효능 뿌리를 백일해, 타박상에 약용한다.

채취시기	1	2	3	4	5	6	7	8	9	10	11	12

미나리&돌미나리 십자화과 | 수로나 숲지 주변

Oenanthe javanica

🌷 꽃 : 7~9월 　　　✏️ 높이 : 30cm 　　　🌾 식용 : 어린잎

미나리&참나물 섞어무침과 미나리나물 무침

물미나리(논미나리)

레시피

· 봄에 오염되지 않은 도랑이나 습지 주변에서 어린잎을 채취한다.

· 물에 깨끗이 씻어 끓는 물에 데친 뒤 물기를 짜낸다.

· 간장이나 고추장에 매실, 마늘, 참깨, 참기름 등으로 무쳐 먹는다.

· 미나리는 다른 채소와 섞어 무쳐도 좋고 각종 탕, 생선요리 등에 곁들여 비린내 제거나 중금속 등의 독성 중화용 채소로 인기가 높다.

미나리의 잎

미나리의 꽃

줄기는 높이 30cm로 자란다. 잎은 어긋나고 1~2회 깃 모양이고 잎의 생김새는 긴 삼각형이다. 꽃은 줄기 끝 부분에서 겹우산모양꽃차례로 자잘한 꽃이 모여 달린다.

특징 미나리를 식용하는 나라는 우리나라 외 중국, 일본, 동남아시아 등이다. 특히 인도에서 많이 식용하고 서양에서는 이태리에서 식용 목적으로 재배한다.

채취 논에서 재배한 것을 (물)미나리, 계곡, 습지 등에서 자생하는 것을 돌미나리라고 한다. 상품성은 미나리가 높지만 돌미나리는 향이 짙고 질긴 식감을 갖고 있다. 농촌의 수로, 물가, 습지 주변에서 돌미나리가 자생한다. 꽃이 피기 전의 어린잎을 잎자루와 함께 채취한다.

채취시기 3~5월

식용부위 어린잎

식용방법 간장 무침, 고추가루 무침

약용 효능 청열, 이수, 신경통, 해독작용, 대하에 효능이 있다.

채취시기	1	2	**3**	**4**	**5**	6	7	8	9	10	11	12

어수리 산형과 | 산야의 계곡 주변 풀밭

Heracleum moellendorffii

🌺 꽃 : 7~8월　　✎ 높이 : 1~1.5m　　🌿 식용 : 어린잎

어수리나물 무침

어수리 어린잎

어수리 새순

레시피

- 오염되지 않은 서식처에서 어린잎을 채취한다. 잔털이 많아 알아보기 쉽다.
- 채취한 잎을 깨끗이 씻어 끓는 물에 데친 뒤 물기를 짜낸다.
- 간장이나 고추장, 된장 양념 등 어느 양념이든 잘 어울린다.
- 어린잎에 잔털이 많아 약간 지저분해 보일 수는 있으나 먹을 수 있는 풀꽃이
  고 봄나물로도 손색 없다.

어수리의 꽃

어수리의 잎

줄기는 높이 1~1.5cm로 자라고 잔가지가 많이 갈라진다. 잎은 3~5개의 소엽으로 된 깃 모양이고 소엽이 특이하게 생겼기 때문에 잎을 보면 찾을 수 있다. 아울러 꽃잎도 C자 형이기 때문에 꽃을 보면 쉽게 알아볼 수 있는 풀꽃이다.

특징 원줄기는 굵고 줄기 속은 비어있다. 굵은 잔가지가 많이 갈라지고 위로 쑥쑥 자라기 보다는 옆으로 조금 퍼지며 자라는 경향이 있다.

채취 전국의 산야에서 자생하며 등산로 주변의 풀밭, 높은 산 능선 주변의 풀밭, 계곡 주변 풀밭 등에서 독자생존하거나 소규모 군락을 이룬다. 꽃이 피기 전의 어린잎을 채취한다.

채취시기 4~5월

식용부위 어린잎

식용방법 된장 무침, 참기름 볶음, 어수리나물밥, 묵나물

약용 효능 항염, 지통, 고혈압, 부스럼, 골다공증에 효능이 있다.

채취시기	1	2	3	4	5	6	7	8	9	10	11	12

두메부추 백합과 | 강원도 산의 바위 틈

Allium senescens

🌼 꽃 : 8~9월 ✑ 높이 : 30cm ✂ 식용 : 어린잎

두메부추 겉절이

두메부추의 잎

뿌리

레시피

- 야생 채취보다는 재래시장, 농산물시장의 산나물 가게나 인터넷몰에서 재배한 품종을 구입하기를 권한다.
- 두메부추는 데치지 않고 싱싱한 날것 그대로 먹는 것이 좋다.
- 싱싱한 잎을 간장이나 고춧가루, 마늘, 매실, 참깨, 참기름으로 무칠 수 있다.
- 싱싱한 잎을 쌈채소로 고추장이나 쌈장에 곁들어 먹어도 좋다.

두메부추의 꽃

야생의 두메부추

여러해살이풀로 잎은 길이 20~30cm이다. 가운데에서 긴 꽃대가 올라온 뒤 부추꽃과 비슷한 꽃이 8~9월에 핀다. 번식은 뿌리를 나누어 심으면 되는데 보통 1포기를 10포기로 나누어 번식할 수 있다.

특징 부추와 비슷하지만 잎이 두툼하고 아삭한 식감에 마늘 향미까지 있어 생으로도 맛있게 먹을 수 있다. 아직은 재배량이 적어 동네 시장까지 출하되지 않지만 봄철이면 간혹 농산물시장 등에서 만날 수 있다.

채취 강원도와 경북, 울릉도의 산 바위 틈에서 자생한다. 최근 인기를 얻으면서 재배한 나물이 출하되고 있다. 텃밭 공간이 있는 가정에서는 두메부추 종근을 구입해 50~100촉 정도를 나누어 심어서 먹기도 한다.

채취시기 4~5월

식용부위 어린잎

식용방법 겉절이, 생채, 초간장절임

약용 효능 항균, 항염, 면역력, 강장에 효능이 있다.

채취시기	1	2	3	4	5	6	7	8	9	10	11	12

부추(정구지) 백합과 | 산과 들판, 재배지

Allium tuberosum

🌷 꽃 : 7~8월　　　　✏️ 높이 : 40cm　　　　🌿 식용 : 어린잎

부추 무침

재배 부추

부수의 새순

레시피

- 자연산 부추나 시장에서 구매한 재배종 부추를 준비한다.
- 싱싱한 부추는 김치를 담그거나 오이소박이의 속으로 사용할 수 있다. 또한 육류를 먹을 때 데친 부추잎과 함께 싸서 먹어도 좋다.
- 깨끗이 씻어 다듬은 부추를 끓는 물에 데친 후 물기를 짜낸다.
- 기호에 따라 간장, 고춧가루, 마늘, 참기름 등으로 무쳐도 맛있다.

부추의 꽃   부추의 잎

원줄기는 없고 뿌리에서 선 모양의 잎이 30cm로 돋아난다. 원줄기 대신 높이 30~40cm의 긴 꽃대가 올라온다. 7~8월에 꽃대 끝에서 자잘한 흰색 꽃이 공처럼 둥글게 모여 달린다. 부추는 밭에서 재배하므로 흔히 볼 수 있다. 옛 말에 "봄 부추는 인삼이나 녹용과도 바꾸지 않는다."고 한다.

특징 '산부추', '참산부추', '두메부추' 등 부추라는 이름이 붙은 식물은 모두 식용할 수 있다. 다만 산부추와 참산부추는 잎의 갯수가 2~3개이기 때문에 가식 부위가 적다.

채취 산야에서 자생하기도 하지만 대부분 밭에서 심어 기른다. 꽃이 피기 전의 어린잎을 채취한다. 또는 재래시장이나 마트 등에서 부추를 구입해 준비한다.

채취시기 4~5월

식용부위 어린잎

식용방법 무침, 생채, 김치, 국, 전

약용 효능 어혈, 당뇨, 고혈압, 지혈, 설사, 면역력, 해독의 효능이 있다.

채취시기	1	2	3	4	5	6	7	8	9	10	11	12

비름(비름나물) 비름과 | 농촌의 길가, 논밭둑, 빈터

Amaranthus mangostanus

🌸 꽃 : 7월   📏 높이 : 1m   🌿 식용 : 어린잎

비름나물 무침

어린잎

레시피

- 마트나 재래시장에서 구입할 수 있다. 자연산은 오염되지 않은 논밭둑에서 봄 ~여름 사이에 어린잎을 채취한다.
- 흐르는 물에 깨끗이 씻어 끓는 물에 데친 뒤 물기를 꽉 짜낸다.
- 기호에 따라 고추장, 마늘, 참깨, 매실, 참기름 등으로 무친다.
- 부드럽고 담백하다. 어린잎은 갈아서 생즙으로 섭취해도 좋다.

비름의 줄기와 잎   비름의 꽃

줄기는 높이 1m로 자라고 잎은 어긋나고 달걀형~마른모 모양이다. 꽃은 7월경 잎겨드랑이에 자잘한 꽃이 원뿔모양꽃차례로 달리면서 수상꽃차례를 이룬다. 꽃은 크기가 작아 육안으로 잘 식별되지 않는다.

특징 눈비름, 털비름, 청비름 등의 유사종이 있지만 일반적으로 비름나물을 '참비름'이라고 부르며 나물로 식용한다. 시금치 대용으로도 괜찮은 나물이다.

채취 농촌의 길가나 빈터, 논밭둑, 풀밭에서 흔히 자라고 도시에서도 주택가 화단에서 키우거나 저절로 자란다. 꽃이 피기 전의 부드운 어린잎을 채취해 식용한다. 비름나물은 시장에서 흔하게 구할 수 있다.

채취시기 4~7월

식용부위 어린잎

식용방법 고추장 무침, 간장 무침

약용 효능 청열, 피로회복, 치통, 혈관질환, 당뇨예방, 변비, 다이어트, 흐릿한 시력 등에 효능이 있다.

채취시기	1	2	3	4	5	6	7	8	9	10	11	12

짚신나물&산짚신나물 장미과 | 전국의 산야

Agrimonia pilosa

🌼 꽃 : 6~8월   📏 높이 : 0.3~1m   🌿 식용 : 어린잎

짚신나물 된장무침

짚신나물 어린잎

새순

레시피

- 짚신나물이나 산짚신나물의 부드러운 어린잎을 채취해 준비한다.
- 흐르는 물에 채취한 잎을 깨끗이 씻는다.
- 끓는 물에 데친 뒤 찬물에 30분 정도 우려내어 물기를 짜낸다.
- 된장이나 고추장 무침으로 먹거나 참기름에 볶아서 먹을 수 있다.
- 식감이 부드러워 잘 넘어가고 봄나물로 제격이다.

산짚신나물의 꽃

산짚신나물의 잎

뿌리에서 원줄기는 높이 30~100cm로 자란다. 잎은 어긋나고 5~7개의 소엽으로 된 깃 모양이다. 꽃은 6~8월에 이삭꽃차례로 가지 끝에서 노란색으로 자잘하게 핀다. 열매에 갈고리 같은 가시가 있어 다른 장소로 옮겨져 번식한다.

특징 유사종으로 '산짚신나물'과 '큰골짚신나물'이 있다. 짚신나물은 꽃이 듬성하게 달리고, 산짚신나물은 조금 밀집해서 달린다. 턱잎은 짚신나물이 더 크고, 산짚신나물의 턱잎은 상대적으로 작다.

채취 전국의 산야에서 자생하지만 높은 산이나 깊은 산의 등산로 주변, 풀밭에서 많이 보인다. 꽃이 피기 전 어린잎을 나물로 사용하되 뿌리는 그대로 둔다.

채취시기 4~5월

식용부위 어린잎

식용방법 참기름 볶음, 된장 무침, 차, 녹즙

약용 효능 항암, 항염, 객혈, 자궁출혈 등 지혈에 특히 효능이 높다.

채취시기	1	2	3	**4**	**5**	6	7	8	9	10	11	12

왜당귀(일당귀) 산형과 | 연중 재배한다.

Angelica acutiloba

🌷 꽃 : 6~9월   ✎ 높이 : 90cm   🌿 식용 : 어린잎

당귀나물 무침

당귀 어린잎

새순

레시피

- 당귀 잎을 준비한다. 시중의 쌈용 당귀 잎은 99%가 왜당귀 품종이다.
- 깨끗이 씻어 쌈채처럼 삼겹살 등의 육류를 먹을 때 당귀 잎을 초장에 찍어 먹는다.
- 나물로 먹을 땐 끓는 물에 데쳐 찬물에 우려낸 뒤 물기를 짜낸다.
- 기호에 따라 된장이나 고추장 무침으로 먹거나 참기름에 볶아서 먹는다.
- 당귀 특유의 고소한 향이 나는 맛있는 나물이다.

왜당귀의 꽃

왜당귀의 잎

뿌리에서 올라온 줄기는 높이 60~90cm로 자란다. 잎은 3개씩 깃 모양으로 갈라진다. 꽃은 8~9월에 흰색으로 핀다. 잎에서 당귀 특유의 한약 냄새가 난다.

특징 일제 강점기 때 토종 당귀가 귀해지자 일본에서 식용 목적으로 들어온 당귀이다. 토종 당귀와 구별하기 위해 토종 당귀는 '참당귀'라고 부른다. 일본 당귀는 '왜당귀'가 정명이지만 '일당귀'라고도 부른다.

채취 국내의 토종 당귀와 달리 일본에서 식용 목적으로 들어온 당귀이다. 밭에서 재배한 것을 채취한다. 시장이나 마트에서 당귀라는 이름으로 판매하는 것이므로 시중에서 쉽게 구입할 수 있다.

채취시기 연중

식용부위 어린잎

식용방법 쌈채, 무침, 볶음

약용 효능 혈액순환, 지통, 여성병, 변비, 종기에 효능이 있다.

채취시기	1	2	3	4	5	6	7	8	9	10	11	12

배초향 (방아잎나물) 꿀풀과 | 전국의 깊은 산, 재배

Agastache rugosa

🌸 꽃 : 7~9월   ✎ 높이 : 0.4~1m   🌿 식용 : 어린잎

방아잎나물 무침

배초형 어린잎

새순

레시피

- 재래시장 등에서 방아잎나물을 구입하거나 시골 민가 주변에서 자라는 배초향 어린잎을 채취할 수 있다.
- 깨끗이 씻은 나물을 비린내를 없앨 목적으로 탕이나 생선찌개에 넣기도 한다.
- 씻은 생잎을 끓는 물에 데친 뒤 찬물에 우려내어 물기를 짜낸다.
- 기호에 따라 된장이나 고추장 무침으로 먹거나 참기름에 볶아서 먹는다.
- 특유의 진한 박하향이 있어서 나물 맛에 호불호가 있을 수 있다.

배초향의 꽃

배초향의 잎

원줄기는 높이 0.4~1m로 자란다. 줄기는 네모지고 잎은 마주난다. 꽃은 7~9월에 피고 입술 모양의 작은 꽃들이 윤산꽃차례의 촛대 모양으로 무리지어 달린다.

특징 특유의 향과 함께 살균 효능이 있어 비린내를 제거할 목적으로 생선 요리에 곁들이던 것이 요즘은 김치로도 먹기 시작하였다.

채취 원래는 산야에서 자생하지만 남부지방에서 향신료 식물로 먹기 시작하면서 가정집 텃밭이나 화단, 농촌의 마당에서 흔히 기르는 식물이 되었다. 꽃이 피기 전 어린잎을 채취하여 식용한다.

채취시기 연중

식용부위 어린잎

식용방법 향신채, 무침, 볶음, 장아찌, 차

약용 효능 위장염, 감기, 살균에 효능이 있다.

채취시기	1	2	3	4	5	6	7	8	9	10	11	12

#어린잎식용 #미량의독성은데침과헹굼으로 #묵나물 #독초은방울꽃과혼동주의

비비추&일월비비추 백합과 | 산야의 냇가. 축축한 풀밭

Hosta longipes

🌸 꽃 : 7~8월　　　✎ 높이 : 30~40cm　　　🌱 식용 : 어린잎

비비추 고추장무침

비비추 어린잎

새순

레시피

- 오염되지 않은 서식지 등에서 어린잎을 채취해 씻어서 준비한다.
- 끓는 물에 소금을 넣고 충분히 데친 뒤 물기를 3번 이상 짜내어 독성과 풀냄새를 제거한다.
- 기호에 따라 고추장, 매실, 마늘, 참깨, 참기름 등으로 무친다.
- 식감은 부드러우나 나물 특유의 쓴맛이 있다.

비비추의 꽃

비비추의 잎

뿌리에서 길이 30cm 내외의 잎이 돋아난 후 7~8월이면 높이 30~40cm 의 긴 꽃대가 올라온 뒤 종 모양이 꽃이 주렁주렁 달린다.

특징 품종에 따라 꽃피는 모양이나 크기가 다르다. 비비추의 꽃은 꽃대를 따라 총상꽃차례로 달린다. '일월비비추'는 꽃대 위에 꽃들이 모여서 달 린다. '좀비비추'는 비비추에 비해 잎과 꽃의 크기가 50% 정도 작은 품종 이다.

채취 농촌과 산야의 냇가 주변, 축축한 곳에서 더러 자생하며 도시에서는 공원이나 학교 화단, 길가 화단에서 관엽식물로 심어 기른다. 꽃이 피기 전의 부드러운 어린잎을 채취한다. 풀냄새가 좀 나고 쓴맛이 있다.

채취시기 4~6월

식용부위 어린잎

식용방법 고추장 무침, 간장 무침, 쌈채소, 된장국, 장아찌

약용 효능 꽃과 뿌리를 약용한다. 혈액순환, 여성병에 효능이 있다.

채취시기	1	2	3	**4**	**5**	**6**	7	8	9	10	11	12

#방석모양의새순 #매운맛은데침으로해결 #묵나물

달맞이꽃 바늘꽃과 | 농촌의 길가, 강가, 빈터

Oenothera biennis

🌼 꽃 : 7월   ✎ 높이 : 1~1.5m   ✿ 식용 : 어린잎

달맞이꽃 된장무침

달맞이꽃 어린잎

달맞이꽃의 잎

레시피

- 이른 봄 오염되지 않은 서식지에서 방석처럼 자라는 어린잎을 채취한다.
- 흙을 털어내고 물에 깨끗이 씻어 끓는 물에 데친 뒤 물기를 짜낸다.
- 기호에 따라 마늘, 참기름 등을 넣고 된장이나 초장으로 버무려 무친다.
- 푹신한 식감에 쓴맛은 없다. 오히려 꽃을 식용하는 것이 더 좋은 데 다른 꽃과 달리 달맞이꽃은 연하게 기름맛이 나는 것이 특징이다.

102

꽃술

달맞이꽃

두해살이풀로 높이 0.5~1.5m로 자란다. 오염되지 않은 곳일수록 더 높이 자란다. 여름에 피는 노란색 꽃은 낮에는 꽃봉오리를 닫고 밤에만 핀다고 하여 달맞이꽃이란 이름이 붙었다.

특징 달맞이꽃은 남아메리카 칠레 원산으로 국내에는 오래전부터 들어온 것으로 보인다. 달맞이유는 달맞이꽃 종자를 압착해서 만드는데 여성병과 피부질환에 좋기로 알려져 있다.

채취 농촌의 들판이나 강가, 냇가, 풀밭, 해안가 모래사장 주변, 길가, 빈터에서 흔히 자생한다. 이른 봄에 줄기가 올라오기 전 어린잎을 채취하거나 또는 꽃이 피기 전 줄기에서 어린잎을 채취한다.

채취시기 4~6월

식용부위 어린잎

식용방법 된장 무침, 초장 무침

약용 효능 각종 여성병, 갱년기, 항염, 피부(아토피)에 좋다.

채취시기	1	2	3	4	5	6	7	8	9	10	11	12

#육모초 #여성에게좋은풀(益母草) #강한쓴맛

익모초 꿀풀과 | 농촌의 길가, 들판, 풀밭

Leonurus sibiricus

🌸 꽃 : 7~8월   ✐ 높이 : 1.2m   🦋 식용 : 어린잎

익모초나물 무침

어린싹

새순

레시피

- 쓴맛이 매우 강하기 때문에 가급적 어린싹을 채취해야 한다.
- 흙을 털어내고 물에 씻어 끓는 물에 충분히 데친 뒤 물기를 30분 이상 짜낸다.
- 쓴맛을 중화시키려면 고추장 무침이나 참기름 볶음으로 요리한다.
- 마늘, 소금, 참기름, 참깨 등으로 양념한다.
- 익모초나물은 반찬이라기보다는 약이라고 생각하고 먹어야 한다.

익모초의 꽃

익모초의 잎

두해살이풀이다. 줄기는 높이 1m 이상 자란다. 줄기의 단면은 약간 사각지고 풀꽃치고는 강건한 편이다. 잎은 마주난다. 꽃은 7~8월에 잎겨드랑이에서 입술 모양의 자잘한 분홍색 꽃이 윤산꽃차례로 달린다.

특징 꿀풀과 식물이지만 잎이 국화과 잎처럼 매우 쓴 맛이 나고 쑥 향기는 없다. 예로부터 부인병 치료에 민간에서 많이 사용한 약초이다.

채취 농촌의 들판, 논밭둑, 길가에서 흔히 자생하는데 수로 주변 둑에서 많이 볼 수 있다. 어린싹은 쑥잎과 비슷하지만 쑥냄새는 없다. 이른 봄 어린싹을 채취하거나 꽃이 피기 전의 어린잎을 채취한다.

채취시기 5월 전후

식용부위 어린잎

식용방법 참기름 볶음, 고추장 무침, 녹즙

약용 효능 여성병, 지혈, 항암, 부종 제거, 혈액순환, 만성피로 회복, 혈압에 효능이 있다.

채취시기	1	2	3	4	5	6	7	8	9	10	11	12

돌나물(돈나물) 돌나물과 | 길가, 담장가, 바위틈

Sedum sarmentosum

🌼 꽃 : 5~6월   ✏️ 높이 : 20cm   🌿 식용 : 어린잎과 줄기

돈나물

레시피

- 오염되지 않은 서식지에서 채취하거나 시장 등에서 구입한다.
- 흐르는 물에 여러 번 헹궈 이물질을 제거한다.
- 싱싱한 돌나물을 초장에 찍어 먹거나 무쳐 먹을 수 있다.
- 기호에 따라 고추장, 식초, 파, 마늘, 참깨, 참기름 등으로 버무린다.
- 아삭한 식미가 있어서 봄나물 반찬으로 제격이다.

돌나물의 잎

돌나물의 꽃

여러해살이풀이다. 줄기는 길이 20cm 내외로 자라는데 땅을 기는 습성이 있어 땅에 납작하게 붙어서 자란다. 잎은 3개씩 둘려나므로 비슷한 종류와 구별할 수 있다. 꽃은 5~6월에 노란색으로 핀다.

특징 예로부터 식용해온 나물이다. 비슷한 식물로는 기린초와 바위채송화가 있다. 바위채송화는 잎이 어긋나고, 기린초는 돌나물에 비해 키가 크고 잎은 3~5배 크다.

채취 농촌의 길가, 등산로 입구의 민가 주변 담장, 논밭둑, 풀밭의 약간 축축한 부근에서 흔히 자생한다. 오염되지 않은 들판에서 꽃이 피기 전의 어린잎을 채취한다.

채취시기 5월 전후

식용부위 어린잎과 줄기

식용방법 생채, 생즙, 초무침, 물김치

약용 효능 청열, 부종, 종기, 간염, 해독의 효능이 있다.

채취시기	1	2	3	4	5	6	7	8	9	10	11	12

107

홍화(잇꽃) 국화과 | 밭에서 재배

Carthamus tinctorius

꽃 : 7~8월   높이 : 1m   식용 : 어린잎, 씨앗

잇꽃나물 무침

홍화의 어린잎

레시피

- 시골의 홍화밭이나 텃밭 등에서 어린싹을 채취한다.
- 물에 깨끗이 씻어 끓는 물에 살짝 데친 뒤 물기를 짜낸다.
- 간장이나 고추장을 넣고 버무린다. 이때 기호에 따라 파, 마늘, 참깨, 참기름 등을 곁들여도 좋다.
- 부드럽고 고소한 맛이 나기 때문에 봄철 나물반찬으로 아주 좋다.

108

홍화의 꽃봉오리

홍화의 꽃

한해살이풀이다. 줄기는 높이 1m로 자라고 잎은 어긋난다. 꽃은 7~8월에 피고 꽃 색깔은 붉은색에서 노란색으로 다양하다. 꽃 모양은 흡사 엉겅퀴 꽃과 비슷하다.

특징 종자를 압착하여 홍화씨유를 추출하여 약용한다. 식물체 전체에 지방이 함유되어 있어 고소한 맛이 난다. 홍화싹은 맛있는 나물이지만 아직은 보급률이 많지 않아 제철에 지역 5일장 등에서만 소량 유통된다.

채취 이집트 원산으로 국내에는 오래 전부터 약용 목적으로 도입되었다. 홍화씨를 압착할 목적으로 재배하지만 어린잎을 나물로 식용할 수 있다. 농촌의 민가에서 재배한다. 10cm 이하로 자란 어린싹을 채취하거나 제철에 지방 산나물 가게 등에서 구입한다.

채취시기 3~5월

식용부위 어린잎, 씨앗

식용방법 고추장 무침, 들기름 볶음, 샐러드

약용 효능 혈액순환, 어혈, 지통, 여성병에 효능이 있다.

채취시기	1	2	3	4	5	6	7	8	9	10	11	12

제비꽃&종지나물 제비꽃과 | 농촌이나 도시공원, 풀밭

Viola verecunda

꽃 : 4~5월   높이 : 20cm   식용 : 어린잎, 꽃

제비꽃나물 무침

종지나물(미국제비꽃) 어린잎

레시피

- 제비꽃과 종지나물은 시골 마을주변, 공원의 길가, 산책로, 풀밭 등에서 봄이면 흔히 만날 수 있는 풀꽃으로 오염되지 않은 서식지에서 채취한다.
- 물에 깨끗이 씻어 끓는 물에 살짝 데친 뒤 물기를 짜낸다.
- 기호에 따라 파, 마늘, 참깨, 매실, 참기름 등을 곁들여 무친다.
- 나물 맛은 부드럽고 담백하며 순한 맛이다.

제비꽃

종지나물(미국제비꽃)

제비꽃은 높이 20cm 정도로 자란다. 뿌리에서 잎이 모여난 뒤 긴 꽃대가 올라와 연한 보라색 또는 자주색 꽃이 핀다. 잎 모양의 피침형~길쭉한 주걱형이다. 잎의 식감이 부드럽기 때문에 샐러드로도 추천한다.

특징 제비꽃과 비슷한 종지나물은 광복 후 미국에서 전래된 품종으로 '미국제비꽃'이라고도 한다. 꽃은 제비꽃과 비슷하지만 잎 모양은 간장 종지 모양이거나 심장 모양이다. 공원의 습한 풀밭에서 볼 수 있다.

채취 제비꽃 품종은 매우 많지만 대부분 나물로 섭취할 수 있고 품종에 따라 식감이 약간씩 다를 수 있다. 주로 제비꽃과 종지나물을 나물로 섭취한다. 꽃이 피기 전의 어린잎을 채취한다.

채취시기 3~5월

식용부위 어린잎, 꽃

식용방법 간장 무침, 샐러드

약용 효능 청열, 부종, 해독, 황달, 방광염 등에 효능이 있다.

채취시기	1	2	3	4	5	6	7	8	9	10	11	12

111

#어린순활용 #고들빼기민들레꽃과비슷

조밥나물 국화과 | 전국의 산야, 습한 풀밭

Hieracium umbellatum

꽃 : 7~10월   높이 : 0.5~1m   식용 : 어린싹, 어린잎

조밥나물 무침

어린잎

새순

레시피

- 오염되지 않은 산골 서식지에서 조밥나물의 어린싹을 채취한다.
- 물에 깨끗이 씻고 쓴맛이 나는 나물이므로 소금을 넣고 끓는 물에 데친 뒤 찬물에 30분 가량 우려내어 물기를 짜낸다.
- 기호에 따라 참기름이나 들기름으로 볶되, 양념으로는 소금, 파, 마늘, 참깨 등을 곁들이면 좋다.

조밥나물의 꽃

조밥나물의 잎

여러해살이풀이다. 줄기는 높이 50~100cm로 자란다. 잎은 어긋나고 가장자리에 불규칙한 톱니가 서너개 있다. 꽃은 7~8월에 피는데 일반적인 국화꽃과 다르게 꽃잎이 듬성듬성하게 있기 때문에 꽃과 잎을 보면 바로 알아볼 수 있다.

특징 조밥나물과 비슷한 식물로는 사데풀, 껄껄이풀, 쇠서나물, 가시상추 등이 있는데 나물 맛은 조밥나물이 가장 좋다.

채취 전국의 산야에서 자란다. 강원도의 산과 들판에서는 흔히 보이는 야생화이다. 꽃이 피기 전의 어린잎을 채취하되 가급적 어린싹이 좋다.

채취시기 4~5월

식용부위 어린싹, 어린잎

식용방법 참기름 볶음, 고추장 무침, 된장국거리

약용 효능 폐결액, 비뇨계질환, 이질, 종기 등에 약용한다.

채취시기	1	2	3	**4**	**5**	6	7	8	9	10	11	12

#아주까리(열매) #묵나물로활용 #아주까리나물

피마자(아주까리) 대극과 | 농가에서 재배

Ricinus communis

🌼 꽃 : 8~9월   ✎ 높이 : 1.5~2m   🌱 식용 : 어린잎, 묵나물

피마자묵나물 무침

건나물

레시피

- 피마자 잎으로 미리 묵나물을 만들어 두거나 재래시장에서 피마자 묵나물을 구입해 준비한다.
- 묵나물을 찬물에 풀어 부드럽게 만든 뒤 물기를 짜낸다.
- 간장이나 고추장으로 무치거나 참기름 또는 들기름으로 볶는다.
- 나물 맛은 고소하고 두툼한 식감으로 씹는 맛이 좋다.

피마자의 꽃

피마자의 잎

원산지에서는 여러해살이풀이지만 우리나라에서는 한해살이풀로 취급한다. 줄기는 높이 2m로 자라고 손바닥 모양의 대형잎이 어긋나게 달린다. 꽃은 8~9월에 원줄기의 겨드랑이에서 자잘한 꽃이 총상꽃차례로 모여 달린다.

특징 피마자의 열매를 '아주까리'라고 부른다. 열매를 압착하면 아주까리 기름이 나온다. 샴푸가 없던 시절 아주까리 기름은 머릿기름이나 화장품 같은 공업용 기름으로 사용되었고 식용에는 적합하지 않다.

채취 원산지는 인도이다. 국내에는 농촌에서 재배하고 민가 뒷마당 텃밭에서도 흔히 재배한다. 꽃이 피기 전의 어린잎을 채취하여 소금을 넣고 끓는 물에 데친 뒤 묵나물로 만들어 생각날 때 식용한다.

채취시기 6~8월

식용부위 어린잎

식용방법 묵나물

약용 효능 기침, 편도선염, 부종, 종기, 각기 등에 약용한다.

채취시기	1	2	3	4	5	6	7	8	9	10	11	12

115

질경이(차전초) 질경이과 | 전국의 길가, 풀밭, 빈터

Plantago asiatica

🌸 꽃 : 6~8월   ✏️ 높이 : 30cm   ✂️ 식용 : 어린잎

질경이나물 무침

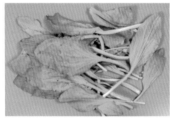

질경이 어린잎

새순

레시피

- 봄에 질경이 꽃대가 올라오기 전에 부드러운 잎을 채취한다.
- 흙과 이물질을 제거하고 물에 깨끗이 씻는다.
- 쌉싸름한 맛이 나므로 끓는 물에 데친 뒤 30분 정도 우려내어 물기를 짜낸다.
- 기호에 따라 간장이나 고추장 양념으로 무친다.
- 나물 맛은 보통이고 뒷맛은 약간 쌉싸름하다.

질경이의 꽃

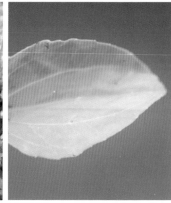
질경이의 잎

뿌리에서 방석처럼 잎이 올라온다. 잎 모양은 주걱형이다. 줄기는 없고 꽃대가 줄기처럼 높이 10~50cm로 자란다. 꽃은 6~8월에 이삭꽃차례로 깨알같은 꽃들이 다닥다닥 붙어서 핀한다.

특징 길가에서 흔히 자라고 마차 바퀴에 씨앗이 붙어 번식한다고 하여 한약명은 '차전초'라고 한다. 신발에도 씨앗이 붙어서 다른 지역으로 옮겨가며 번식하므로 흙길에서 흔히 볼 수 있는 풀꽃이다.

채취 전국의 길가, 산책로, 등산로, 공원 풀밭, 아파트 풀밭, 운동장 귀퉁이 등에서 흔히 볼 수 있다. 꽃이 피기 전의 연한 잎을 채취하되 뿌리는 그대로 둔다. 개화기에 채취한 잎은 식감이 좋지 않다.

채취시기 3~6월

식용부위 어린잎

식용방법 간장 무침, 고추장 무침, 차(뿌리)

약용 효능 청열, 결막염, 가래, 이뇨, 혈뇨, 부종, 황달에 좋다.

채취시기	1	2	3	4	5	6	7	8	9	10	11	12

참나물&파드득나물 산형과 | 높은 산 음지, 풀밭, 강가

Pimpinella brachycarpa

꽃 : 6~8월 　　　 높이 : 80cm 　　　 식용 : 어린잎

참나물 무침

참나물 어린잎

레시피

- 봄에 참나물 또는 파드득나물의 부드러운 잎을 꽃이 피기 전에 채취한다. 또는 재래시장이나 마트에서 참나물을 구입해 준비한다.
- 흙과 이물질을 제거하고 물에 깨끗이 씻는다.
- 끓는 물에 살짝 데친 뒤 찬물에 우려내어 물기를 짜낸다.
- 기호에 따라 먹되, 향이 좋고 새콤 쌉싸름한 맛이 아주 일품이다.

참나물의 잎

참나물의 꽃

원줄기는 80cm로 자라고 잔가지가 갈라진다. 잎은 어긋나고 줄기 위로 올라갈수록 짧아지면서 잎자루 밑이 원줄기를 감싼다. 꽃은 꽃은 6~8월에 자잘한 흰색 꽃이 줄기와 가지 끝에 겹우산모양꽃차례로 달린다.

특징 시장에서 볼 수 있는 참나물은 자연산이 아니라 밭에서 재배한 것으로 실제로는 참나물이 아니라 참나물과 비슷한 파드득나물을 개량한 품종이다. 실정이 이러하므로 파드득나물과 참나물은 같은 나물로 취급해도 무방하다.

채취 깊은 산이나 오지 강가에서 자란다. 계곡 주변, 활엽수림 아래 반음지, 풀밭 등에서 볼 수 있다. 꽃이 피기 전 부드러운 잎을 잎자루와 함께 채취한다.

채취시기 4~5월

식용부위 어린잎

식용방법 간장 무침, 고추장 무침

약용 효능 혈액순환, 지통, 감기, 혈관 질환 예방의 효능이 있다.

채취시기	1	2	3	4	5	6	7	8	9	10	11	12

참취 국화과 | 전국의 높은 산

Aster scaber

꽃 : 8~10월   높이 : 1.5m   식용 : 어린잎

취나물 무침

참취의 어린잎

새순

레시피

- 봄철에 참취의 부드러운 잎을 채취하거나 시장이나 마트에서 말린 참취 묵나
  물을 구입한다.
- 생잎은 쓴맛이 나므로 끓는 물에 데치고 찬물에 3회 이상 우려 물기를 짜낸다.
- 묵나물은 찬물에 풀어 우려낸 뒤 물기를 짜낸다.
- 생잎은 들기름 등 볶음요리로 먹으면 쓴맛도 중화되고 맛있다.
- 묵나물은 기호에 따라 간장 양념이나 들깨가루 양념으로 무치면 좋다.

참취의 꽃

참취

원줄기는 높이 1.5m로 자라고 잔가지가 많이 갈라진다. 줄기잎은 어긋나고 잎 모양은 삼각형~심장형이며 잎자루에 날개가 있다. 꽃은 8~10월에 편평꽃차례로 무리지어 달린다.

특징 취나물이라고 부르는 것은 여러 품종이 있는데 그중 가장 맛있는 취나물이란 뜻에서 참취라고 부른다. 정월대보름날 먹는 오곡밥의 나물이자 명절상에 올리는 나물이다. 우리나라 비빔밥에는 빠지지 않고 들어가는 나물이기도 하다.

채취 전국의 깊은 산에서 흔하게 자생한다. 우리가 먹는 참취나물은 대부분 농가에서 재배한 것들이다. 자연산은 봄에 부드러운 어린잎을 채취하면 된다.

채취시기 4~6월

식용부위 어린잎

식용방법 묵나물, 참기름 볶음, 무침

약용 효능 혈액순환, 지통, 복통, 장염에 효능이 있다.

채취시기	1	2	3	4	5	6	7	8	9	10	11	12

영아자(미나리싹나물)

초롱꽃과 | 전국의 산야, 풀밭

Asyneuma japonicum

🌼 꽃 : 7~9월   ✐ 높이 : 0.5~1m   ✂ 식용 : 어린잎

영아자 장아찌

영아자 어린잎

레시피

- 봄철, 산과 들에서 어린잎을 채취하거나 시장에서 영아자나물을 구입한다.
- 어린잎을 흐르는 물에 깨끗이 씻는다.
- 장아찌용 간장소스를 만들어 잎을 장아찌로 담근다.
- 그외 끓는 물에 데쳐서 간장 무침이나 참기름 볶음으로 먹을 수 있다.
- 아삭한 식감이 있고 고소한 맛이 나며 특유의 연한 향미가 있다.

새순

영아자의 꽃

원줄기는 뿌리에서 높이 0.5~1m로 자란다. 줄기는 능선이 있는 길쭉한 형태이고 쓰러지는 경향이 있어 다른 잡초에 기대어 자란다. 줄기를 자르면 희멀건 액이 나온다. 꽃은 7~9월에 자주색으로 줄기 끝에 총상꽃차례로 달린다. '염아자'라고도 부른다.

특징 꽃이 필 무렵에는 쉽게 알아볼 수 있지만 꽃이 피기 전 잎은 섬초롱꽃과 비슷하므로 구별이 쉽지 않다. 전년도에 영아자 꽃이 자란 장소를 잘 봐두었다가 이듬해 봄에 어린잎을 채취하면 된다.

채취 산과 들판에서 더러 볼 수 있다. 뿌리에서 올라온 잎을 채취하되 뿌리는 그대로 둔다. 영아자를 지방에서는 '미나리싹나물'이라고 부르기도 하며 산촌의 관광지 등에서 장아찌를 판매하기도 한다.

채취시기 4~5월

식용부위 어린잎

식용방법 장아찌, 무침

약용 효능 기침, 해열, 천식에 효능이 있다.

채취시기	1	2	3	4	5	6	7	8	9	10	11	12

123

섬초롱꽃(모시나물) 초롱꽃과 | 울릉도

Asyneuma japonicum

🌼 꽃 : 7~8월　　　📏 높이 : 50~100cm　　　🌿 식용 : 어린잎

모시나물 무침

모시나물의 어린잎

새순

레시피

- 주로 울릉도에서 자생하므로 야생의 싹을 채취하기는 어렵지만 이른 봄, 재래 시장 등에 재배한 모싯잎이 많이 나오므로 손쉽게 구입할 수 있다.
- 장아찌용 간장소스를 만들어 모시나물 장아찌를 담글 수 있다.
- 씻은 모싯잎은 끓는 물에 데쳐 간장 무침이나 참기름 볶음으로 먹는다.
- 향긋하며 고소한 맛이 나는 봄나물이다.

섬초롱꽃의 꽃   섬초롱꽃

뿌리에서 긴 잎자루가 있는 뿌리잎이 돋아난 후 원줄기가 올라온다. 잎자루에는 날개가 있어 구별할 수 있지만 영아자 새싹과 조금 비슷하다. 꽃은 7~8월에 초롱 모양 꽃이 총상꽃차례로 달린다.

특징 유사종으로는 전국의 깊은 산에서 자생하는 '초롱꽃', 중부 이북의 고산지대에서 자생하는 '금강초롱꽃'이 있다. 초롱꽃은 꽃받침에 털이 있지만 섬초롱꽃은 털이 거의 없으므로 이 점으로 구별할 수 있다.

채취 울릉도에서 많이 자생한다. 뿌리에서 올라온 잎이 길게 잎자루가 자라면 채취하되 뿌리는 그대로 둔다. 가급적 긴 잎자루가 있는 어린잎을 채취해 식용한다. 현지의 재배농장에서도 구입할 수 있다.

채취시기 4~5월

식용부위 어린잎

식용방법 장아찌, 나물, 쌈, 모싯떡

약용 효능 기침, 감기, 천식, 골다공증, 노화억제 등에 효능이 있다.

| 채취시기 | 1 | 2 | 3 | **4** | **5** | 6 | 7 | 8 | 9 | 10 | 11 | 12 |

마타리 마타리과 | 전국의 산야

Patrinia scabiosaefolia

🌼 꽃 : 7~8월　　　✏️ 높이 : 1~1.5m　　　🌿 식용 : 어린싹

마타리묵나물

건조한 마타리 어린잎

레시피

- 채취한 마타리의 어린싹을 흐르는 물에 깨끗이 씻어 준비한다.
- 깻잎 장아찌 담그듯이 장아찌용 간장소스를 만들어 장아찌로 담근다.
- 어린순은 끓는 물에 데치고 묵나물은 물에 풀어 무침이나 볶음요리로 먹는다.
- 살짝 나는 쓴맛은 소금을 넣고 데친 뒤에 찬물에 우려내 없애고, 기호에 따라 양념 무침이나 들기름을 쳐서 볶음요리로 먹는다.

마타리의 새순

마타리의 꽃

줄기는 높이 1.5m까지 자라고 잎은 마주나고 깃 모양으로 깊게 갈라진다. 뿌리에서 올라온 잎은 줄기잎과 달리 깃 모양으로 갈라진 것도 있고 갈라지지 않은 것도 있다. 뿌리잎의 모양은 달걀 모양에서 긴 타원형인데 식용부위는 뿌리에서 올라온 잎이다.

특징 마타리의 잎은 취나물 잎과 비슷해서 '가얌취' 또는 '가양취'라는 나물 이름으로 알려져 있다. 장아찌로 담그면 의외로 괜찮은 맛의 장아찌가 되어 강원도 지방에서는 여전히 담가 먹고 있다.

채취 늦여름이면 산과 들판, 임도에서 흔히 보이는 노란색 꽃이 마타리이다. 몸에 뿌리에서 올라온 싹이 10~20cm로 자랐을 때 채취한다.

채취시기 4~5월

식용부위 어린싹

식용방법 장아찌, 무침, 묵나물

약용 효능 뿌리를 약용하는데 청열, 진정, 종기, 복통에 효능이 있다.

채취시기	1	2	3	4	5	6	7	8	9	10	11	12

활량나물 콩과 | 전국의 산야

Lathyrus davidii

꽃 : 6~8월 　　높이 : 1.2m　　식용 : 어린잎

어린잎 무침

활량나물의 어린잎

새순

레시피

- 오염되지 않은 산야에서 어린싹을 채취한다.
- 채취한 어린잎을 흐르는 물에 깨끗이 씻어 준비한다.
- 소금을 넣고 끓는 물에 데친 뒤에 물기를 짜낸다.
- 기호에 따라 간장 무침이나 참기름을 이용한 볶음요리로 해먹는다.
- 아삭한 식감에 고소한 맛이 난다.

활량나물의 꽃

활량나물의 잎

줄기는 높이 80~120cm로 자라고 잔가지가 많이 갈라진다. 줄기에는 전체적으로 털이 없다. 잎은 어긋나고 2~4쌍의 짝수깃꼴겹잎이고 잎 끝에 덩굴손이 있다. 황색의 꽃은 6~8월에 총상꽃차례로 달린다.

특징 활량나물과 비슷한 식물로는 '황기'와 '고삼'이 있다. 황기는 식물체 전체에 잔털이 있고 잎은 홀수깃꼴겹잎, 덩굴손은 없다. 고삼은 황기와 비슷한 홀수깃꼴겹잎이고 역시 잎 끝에 덩굴손은 없지만 줄기의 털은 성숙하면 사라진다.

채취 농촌의 산야에서 자생한다. 꽃이 피기 전 부드러운 싹이나 어린잎을 채취한다. 조금만 성숙해도 껄끄러워서 식용하지 못할 수도 있으므로 가급적 제철에 어린잎을 채취해야 한다.

채취시기 4~5월

식용부위 어린잎

식용방법 간장 무침, 된장 무침, 고추장 볶음

약용 효능 지혈, 강장, 이뇨, 월경통에 효능이 있다.

채취시기	1	2	3	**4**	**5**	6	7	8	9	10	11	12

전호 산형과 | 울릉도, 남부지방의 들판, 재배

Anthriscus sylvestris

꽃 : 5~6월　　　　높이 : 1m　　　　식용 : 어린잎

전호나물 무침

전호 어린잎

새순

레시피

- 봄철에 전호의 부드러운 잎을 채취하거나 재래시장에서 나물을 구입한다.
- 생잎은 쌉싸름한 맛이 나므로 소금을 넣고 끓는 물에 데친 뒤 찬물에 우려내어 물기를 짜낸다.
- 기호에 따라 초고추장, 매실, 마늘, 참기름 등으로 버무린다.
- 쌉싸름한 맛이 나며 특유의 향이 있고 식감이 부드러워 봄나물로 적당하다.

전호의 꽃   전호의 잎

원줄기는 높이 1.5로 자라고 잔가지가 많이 갈라진다. 줄기잎은 어긋나고 잎 모양은 삼각형~심장형이며 당근 잎과 비슷해 보인다. 잎자루에 날개가 있고 꽃은 8~10월에 편평꽃차례로 무리지어 달린다.

특징 전호 외에 '유럽전호', '털전호'가 있고 비슷한 식물로는 '사상자', '긴사상자' 등이 있다. 나물로 인기를 얻으면서 최근에는 산나물 가게나 동네 재래시장에도 자주 등장한다.

채취 울릉도 특산물이지만 남부지방의 들판에서 흔히 자생하고 전국적으로 재배한다. 중부지방에서는 유럽전호가 자라고 있다. 이른 봄에 부드러운 잎을 잎자루와 함께 채취해 식용한다.

채취시기 3~4월

식용부위 어린잎

식용방법 초고추장 무침

약용 효능 사지무력, 야뇨, 기침 가래, 해열 진통, 부종에 효능이 있고 기를 보한다.

채취시기	1	2	3	4	5	6	7	8	9	10	11	12

기름나물 산형과 | 전국의 깊은 산

Peucedanum terebinthaceum

🌼 꽃 : 7~9월　　　📏 높이 : 30~90cm　　　🦋 식용 : 어린잎

(털)기름나물 무침

어린잎

새순

레시피

- 봄에 기름나물의 부드러운 잎을 채취하여 준비한다.
- 쓴맛이 거의 없으므로 끓는 물에 데친 뒤 바로 물기를 짜낸다.
- 간장이나 고추장으로 버무리되 기호에 따라 매실, 마늘, 참기름을 추가한다.
- 쓴맛이 없어 평이하게 먹을 수 있는 봄나물이며 양념이나 손맛에 따라 풍미를 더할 수 있다.

기름나물의 꽃

기름나물의 잎

줄기는 높이 30~90cm로 자란다. 잎 모양은 3출엽 깃꼴이고 품종에 따라 갈라진 잎이 아주 가늘거나 약간 넓고 잎 뒷면에 털이 없거나 있다. 꽃은 6~9월에 겹우산모양꽃차례로 흰색 꽃이 모여 달린다.

특징 기름나물은 줄기를 꺾으면 살짝 기름냄새가 난다. 중국에서는 인삼 대용으로 약용하였다고 한다. '두메기름나물'은 잎 뒷면에 털이 없지만 '털기름나물'은 잎 뒷면에 털이 있다. 본문 나물 사진은 털기름나물이다.

채취 기름나물은 전국의 깊은 산 양지바른 풀밭에서 자생한다. 털기름나물 등 유사종마다 자생지가 조금씩 다르다. 꽃이 피기 전 부드러운 어린 잎을 채취한다.

채취시기 3~4월

식용부위 어린잎

식용방법 무침, 볶음

약용 효능 감기, 천식, 천신, 얼굴마비와 어지럼증에 약용한다.

채취시기	1	2	3	4	5	6	7	8	9	10	11	12

배암차즈기 (곰보배추) 꿀풀과 | 농촌의 들판, 습한 풀밭

Salvia plebeia

🌸 꽃 : 5~7월   ✏️ 높이 : 30~60cm   🌿 식용 : 어린잎

곰보배추나물

배암차즈기 어린잎

새순

레시피

- 봄철에 배암차즈기의 어린싹이나 부드러운 잎을 채취한다.
- 쓴맛이 있으므로 소금을 넣고 끓는 물에 데친 뒤 30분 이상 우려내어 물기를 짜낸다.
- 간장이나 고추장으로 버무리거나 매실, 마늘, 참기름 등으로 양념한다.
- 쌉싸름한 맛으로 먹을 수 있는 봄나물이다.

배암차즈기의 꽃

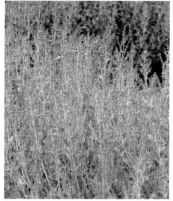

배암차즈기 군락

뿌리에서 잎이 올라온 뒤 원줄기가 높이 30~70cm로 자란다. 줄기잎은 마주나고 뿌리에서 올라온 잎은 꽃이 필 때 사라진다. 꽃은 5~7월에 총상 꽃차례로 자잘한 꽃이 모여 달린다.

특징 뿌리에서 올라온 잎이 작은 배추잎을 닮았다고 하여 '곰보배추'라는 이름이 붙었다. 나물로 가식하는 부위는 봄에 뿌리에서 올라온 잎이나 싹 이다. 뿌리와 전초는 약용한다.

채취 농촌의 길가, 논둑이나 밭둑, 도랑 옆 습한 풀밭에서 볼 수 있다. 꽃 이 피기 전 어린잎을 채취해 나물로 식용한다. 배암차즈기는 약용 목적으로 채취하는 경우가 많다.

채취시기 4~6월

식용부위 어린잎

식용방법 참기름 볶음

약용 효능 해독, 살충, 이수, 혈액순환, 여성병에 약용한다.

채취시기	1	2	3	4	5	6	7	8	9	10	11	12

도라지 초롱꽃과 | 전국의 산야

Platycodon grandiflorum

🌸 꽃 : 7~8월   ✏️ 높이 : 0.4~1m   🌱 식용 : 뿌리, 어린잎

도라지볶음

도라지 뿌리

새순

레시피

- 재래시장이나 마트에서 도라지 뿌리를 구입해 깨끗이 씻어서 준비한다.
- 어린잎은 4~5월에 꽃이 피기 전에 수확하여 준비한다.
- 도라지 뿌리나물은 참기름과 소금으로 볶아서 먹을 수 있다.
- 뿌리나물은 고추장, 마늘, 매실, 식초, 참깨 등으로 무쳐 먹을 수 있다.
- 도라지 어린잎은 끓는 물에 데쳐 간장 양념으로 버무려 먹는다.

도라지꽃

도라지 군락

줄기는 높이 40~100cm로 자란다. 꽃 색깔은 보라색과 흰색이 핀다. 잎은 마주나거나 어긋나기도 하고 돌려나기도 한다. 땅속의 두툼한 뿌리를 도라지라고 부른다.

특징 주로 뿌리를 식용하지만 어린 줄기와 잎도 나물로 식용할 수 있다. 뿌리에 비해 쓴맛이 덜하므로 양념과 손맛에 따라 좋은 나물반찬이 될 수 있다.

채취 산야에서 자생하기도 하지만 보통은 농촌의 민가에서 꽃을 관상할 겸 재배하는 경우가 많다. 꽃이 피기 전인 4월경 어린 줄기와 잎을 채취하거나 가을에 뿌리를 채취한다. 사계절 흔한 나물이라 시장이나 마트에서 손쉽게 구할 수 있다.

채취시기 3~6월

식용부위 뿌리, 어린잎

식용방법 도라지 볶음, 고추장 초무침

약용 효능 가래, 해수, 인후통, 항염, 설사에 효능이 있다.

채취시기	1	2	3	4	5	6	7	8	9	10	11	12

더덕 초롱꽃과 | 깊은 산의 축축한 산록

Codonopsis lanceolata

🌼 꽃 : 8~9월　　　✏️ 높이 : 2m　　　🦋 식용 : 뿌리, 어린잎

고추장 더덕무침

더덕 뿌리

어린잎

레시피

- 더덕의 어린잎을 채취하거나 시장에서 더덕 뿌리를 구입한다.
- 뿌리는 수세미로 문질러 흙을 씻어낸다. 소금물로 데친 뒤 껍질을 칼로 얇게 벗겨내고 홍두깨 등으로 뿌리를 문질러서 얇게 펴준다
- 고추장, 간장, 마늘, 올리고당, 매실, 후추, 참깨 등으로 양념장을 만든다.
- 더덕을 양념과 버무려 장아찌를 만들거나 석쇠에 구워 먹는다.
- 더덕잎은 끓는 물에 데친 뒤 양념으로 버무려서 먹는다.

더덕의 꽃

더덕의 잎

더덕 줄기는 길이 2m로 자라고 꽃은 종 모양이며 8~9월에 핀다. 꽃 모양이 비슷한 식물로는 소경불알과 만삼이 있지만 더덕 꽃이 평균적으로 더 크다. 잎은 소엽이 4개씩 마주난다.

특징 더덕 뿌리는 길고 두툼하여 인삼과 비슷하게 자라는 반면, 더덕과 꽃 모양이 거의 비슷한 '소경불알'은 뿌리가 구슬 또는 울퉁불퉁한 밤톨 모양이다. '만삼'은 더덕에 비해 잎자루가 더 길고 줄기에 털이 있으며 뿌리는 길고 가늘다.

채취 오염되지 않은 산야에서 자생하지만 보통은 깊은 산에서 볼 수 있다. 뿌리를 채취할 때는 삽을 사용해야 한다. 뿌리에서 한뼘 반 옆쪽에서부터 삽으로 흙을 걷어내면서 뿌리를 찾아간다.

채취시기 싹은 봄철, 뿌리는 늦가을철

식용부위 뿌리, 어린잎

식용방법 고추장 무침, 된장 무침, 장아찌, 더덕구이

약용 효능 강장, 부종, 종기, 가래, 면역력, 항염, 항암의 효능이 있다.

채취시기	1	2	3	4	5	6	7	8	9	10	11	12

냉이
십자화과 | 산야의 풀밭이나 길가

Capsella bursapastoris

꽃 : 5~6월   높이 : 10~50cm   식용 : 뿌리를 포함한 어린잎

냉이 무침

봄냉이

냉이 뿌리

레시피

- 오염되지 않은 들판이나 길가, 하천변, 강둑에서 냉이를 채취하거나 재래시장, 마트 등에서 재배 냉이를 구입한다.
- 뿌리의 묻은 흙을 문질러서 깨끗이 씻어 준비한다.
- 냉이 무침은 냉이를 끓는 물에 데친 뒤 양념과 함께 버무린다.
- 된장국에 냉이를 넣어 구수하고 향긋한 봄 된장국 맛을 느낄 수 있다.

냉이의 꽃

냉이의 삼각꼴 열매

빠르면 2월부터 꽃이 피지만 중부지방에서는 4~5월에 꽃을 볼 수도 있다. 뿌리에서 잎이 올라온 뒤 긴 꽃대가 높이 10~50cm로 자란다. 열매는 삼각꼴이므로 잎 모양이 비슷한 다른 유사종과 구별하려면 열매 모양을 확인해야 한다.

특징 냉이는 꽃이 피면 잎이 질기고 쓴맛이 강해지므로 꽃이 피기 전의 어린 냉이를 채취한다. 비슷한 식물로는 황새냉이, 나도냉이, 개갓냉이, 뽀리뱅이 등이 있다. 모두 식용할 수 있지만 맛은 냉이가 최고이다.

채취 오염되지 않은 산과 들판의 풀밭, 길가, 강둑, 밭둑에서 흔히 자생한다. 꽃이 피기 전의 잎을 뿌리와 함께 채취한다. 모종삽이나 접이식 나이프로 냉이 주변의 흙을 걷어낸 뒤 뿌리째 채취한다.

채취시기 2~5월

식용부위 뿌리를 포함한 어린잎

식용방법 고춧가루 무침, 된장국

약용 효능 전초를 약용하며 이수, 부종, 지혈, 안구 질환에 좋고 비장을 보한다.

채취시기	1	2	3	4	5	6	7	8	9	10	11	12

씀바귀 국화과 | 농촌의 양지바른 풀밭, 길가

Ixeridium dentatum

🌷 꽃 : 5~7월　　　✏️ 높이 : 20~30cm　　　🍴 식용 : 뿌리, 싹, 어린잎

씀바귀나물 무침

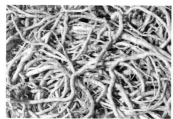

씀바귀 뿌리

새순

레시피

- 씀바귀의 쌉싸래한 맛은 봄철에 입맛을 돋우어주기에 충분하다.
- 채취한 씀바귀 뿌리를 물에 깨끗이 씻는다.
- 씀바귀는 매우 쓰므로 충분히 소금을 넣고 데친 뒤 찬물에 여러 번 우려낸다.
- 고추장, 식초, 매실, 마늘, 참깨, 참기름 등으로 양념장을 만든다.
- 씀바귀 뿌리를 양념장에 잘 버무린다.

씀바귀 꽃

씀바귀의 잎

씀바귀는 꽃잎의 수와 잎 모양에 따라 품종이 조금 다르다. 기본종은 꽃잎이 10장 이하이다. 꽃잎이 20~30장인 '노랑선씀바귀', 바닷가 모래사장에서 자라는 '갯씀바귀', 선 모양 잎을 가진 '벋음씀바귀' 등이 있다.

특징 씀바귀 꽃은 고들빼기나 이고들빼기 꽃과 거의 비슷하다. 씀바귀는 높이 20cm 내외, 고들빼기는 높이 20~100cm로 자라며 높이로 구별할 수 있다. 고들빼기는 잎 가장자리에 큰 톱니가 발달해 있다.

채취 씀바귀는 산과 들, 논두렁, 아파트 풀밭에서 흔히 볼 수 있다. 꽃이 피기 전 뿌리를 채취한다. 조경삽이나 접이식 나이프로 뿌리 둘레를 돌려가며 흙을 걷어낸 후 채취하면 된다.

채취시기 3~9월

식용부위 뿌리, 싹, 어린잎

식용방법 뿌리 초고추장 무침

약용 효능 뿌리를 약용하되 해열, 소종, 항암, 건위에 효능이 있다.

채취시기	1	2	3	4	5	6	7	8	9	10	11	12

#뿌리부추 #매콤하고쌉싸래한맛 #삼미(매콤쌉싸름달콤)의나물

삼채(뿌리부추) 백합과 | 밭에서 재배

Allium Hookeri

⚘ 꽃 : 6~7월 　　　 ✎ 높이 : 60cm 　　　 ✂ 식용 : 뿌리, 싹, 어린잎

삼채 무침

레시피

- 재래시장이나 마트에서 삼채 뿌리를 구입하여 깨끗이 씻는다.
- 삼채는 씀바귀와 같은 양념으로 버무려서 먹을 수 있지만 뿌리가 질기기 때문에 어느 정도 잘라서 먹는 것이 좋다.
- 싱싱한 삼채 잎은 보통 생것을 적당하게 자른 뒤 초장에 무쳐 먹는다.
- 그 외 살짝 데친 뒤 기호에 따라 양념으로 버무려 먹어도 좋다.

144

삼채 뿌리

삼채

뿌리는 길쭉하고 약간 육질이 있어 씀바귀 뿌리에 비해 두툼하다. 잎은 줄 모양으로 부추 잎보다는 넓적하다. 여름에는 높이 60cm로 꽃대가 올라온 뒤 부추꽃과 비슷한 모양의 꽃이 핀다.

특징 동남아시아 일대에서 채소로 식용하는 식물이다. 우리나에는 당뇨, 혈압에 효능이 있고 콜레스트롤 분해 성분이 있다고 하여 10여 년 전부터 급속하게 보급되었다. 매운맛, 쓴맛, 단맛 등 3가지 맛이 난다고 하여 삼채라고 부른다.

채취 삼채는 중국, 인도, 미얀마 등에서 자생하며 우리나라에서는 재배한 것을 채취해 식용한다. 보통은 뿌리를 채취한 뒤 씀바귀처럼 무쳐 먹는다. 잎은 부추 향미가 나서 샐러드나 쌈채소, 김치로도 먹을 수 있다.

채취시기 연중

식용부위 뿌리, 싹, 어린잎

식용방법 뿌리 초고추장 무침

약용 효능 당뇨, 혈압, 항염, 항암, 성인병, 노화예방에 좋다.

채취시기	1	2	3	4	5	6	7	8	9	10	11	12

인삼 두릅나무과 | 밭에서 재배

Panax ginseng

🌼 꽃 : 4월   ✏️ 높이 : 60cm   🦋 식용 : 어린잎, 어린 뿌리

인삼 무침

레시피

- 재래시장이나 마트에서 싹과 뿌리를 구입하여 준비한다.
- 생잎과 생뿌리는 쌉싸름하지만 약성에 비중을 둔 나물이므로 생것을 그대로 고추장에 찍어 먹거나 비빔밥에 넣어 먹는다.
- 생것을 기호에 맞는 양념을 더해 볶아 먹기도 한다.
- 쌉싸름한 맛이 나므로 약이라고 생각하고 먹는다.

인삼의 꽃

인삼의 잎

뿌리에서 원줄기가 올라온 뒤 원줄기 끝에 3~4개의 잎자루가 돋아나고 잎자루마다 끝 부분에 5개의 손 모양 소엽이 달린다. 꽃은 이른 봄인 4월에 우산모양꽃차례로 달린다. 뿌리는 두툼하고 인삼이라고 부른다.

특징 산에서 나는 산삼을 밭에서 재배하는 것이 인삼이다. 따라서 인삼과 산삼은 식물학적 학명은 물론 품종도 같은 것으로 취급하지만 약효는 자연산인 산삼을 더 높이 쳐준다.

채취 밭에서 재배하는데 주로 중부지방에 인삼밭이 많다. 어린뿌리와 어린잎을 채취해 식용한다. 요즘은 시장이나 마트, 현지농장(인터넷 구매) 등에서 인삼싹을 쉽게 구입할 수 있다.

채취시기 3~4월

식용부위 어린잎, 어린 뿌리

식용방법 참기름 볶음, 무침

약용 효능 자양강장에 효능이 있다.

채취시기	1	2	3	4	5	6	7	8	9	10	11	12

우엉
국화과 | 밭에서 재배

Arctium lappa

🌺 꽃 : 7~8월   ✏️ 높이 : 1~2m   🌱 식용 : 뿌리, 어린잎

우엉 조림

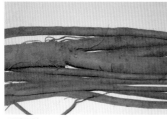

우엉 뿌리

새순

레시피

- 우엉잎은 흔치않아 제철에 텃밭이나 재래시장, 5일장 등에서 구할 수 있다.
- 줄기는 질기므로 껍질을 벗겨 끓는 물에 데치거나 쪄서 간장이나 고추장에 무쳐 먹거나 들기름에 볶아 먹는다. 우엉잎은 호박잎처럼 쌈으로 먹어도 좋다.
- 우엉뿌리는 참기름, 간장, 물엿, 설탕 등으로 조린다. 양념 배합에 따라 조림이 되거나 정과가 되며 가정의 사계절 좋은 밑반찬이다.

우엉의 꽃   우엉

뿌리에서 잎이 올라온 후 원줄기가 높이 2m까지 자라므로 작은 잡목처럼 보이는 경우도 있다. 7월이면 머리모양꽃차례의 꽃이 산방꽃차례로 줄기나 가지 끝에 모여 달린다.

특징 우엉 뿌리는 길쭉하고 땅속으로 깊이 파고 들어가 길이 30~60cm 이상으로 자란다. 식용 및 약용 목적의 뿌리는 보통 60cm 이상 자란 것을 채취한다.

채취 중국에서 들어온 우엉은 식용 및 약용 목적으로 밭에서 재배한 것이 퍼져 더러 농가 주변에서 자생하기도 한다. 이른 봄 원줄기가 올라오기 전 어린잎을 채취하거나 또는 연중 필요할 때 뿌리를 채취해 준비할 수 있다. 시중에서도 구하기가 매우 쉽다.

채취시기 잎은 봄, 뿌리는 연중

식용부위 뿌리, 어린잎

식용방법 간장 무침, 뿌리 조림, 정과

약용 효능 현기증, 안면부종, 해독, 당뇨 등에 좋다.

채취시기	1	2	3	4	5	6	7	8	9	10	11	12

149

#묵나물활용 #피부가려움 #고무장갑끼고손질

토란 천남성과 | 밭에서 재배

Colocasia esculenta

꽃 : 8~9월　　　　높이 : 1m　　　　식용 : 줄기, 알뿌리

토란대나물 무침

묵나물 토란대

레시피

- 재래시장이나 마트에서 토란이나 토란대를 구입한다. 토란의 싱싱한 수액은 피부질환을 일으키기도 하므로 토란을 다룰 때는 조심해야 한다. 토란대는 가급적 생것보다는 묵나물로 만든 것이나 물에 풀어놓은 것을 구입한다.
- 물에 풀어놓은 토란대를 깨끗이 씻어 한번 데친 뒤 볶음이나 무침, 또는 육개장 등에 넣어 먹으면 좋다. 토란국은 보통 들깻가루를 넣고 구수하게 끓인다.

토란의 잎

토란

뿌리에서 올라온 잎은 높이 1m로 자라는데 이때 잎자루를 토란대라고 부르며 식용한다. 꽃은 8~9월에 잎 사이에서 꽃대가 조금 올라온 뒤 불염포 안에 육수꽃차례의 꽃이 달리지만 열매는 맺지 않는다.

특징 집에서 흔히 먹는 토란대나물은 토란의 긴 잎자루를 껍질을 벗긴 후 말린 것을 물에 우려서 먹는 나물이다. 볶음으로도 먹지만 육개장에 넣는 나물로도 유명하다.

채취 열대지방에서 들어온 토란은 대개 밭에서 재배하기 때문에 채취하거나 또는 재래시장이나 마트에서 구입한다. 육개장이나 나물은 토란대를, 토란국은 토란(뿌리)으로 준비한다.

채취시기 연중

식용부위 줄기, 알뿌리

식용방법 육개장(줄기), 토란국(뿌리), 묵나물

약용 효능 항염, 불면증, 우울증에 효능이 있다.

채취시기	1	2	3	4	5	6	7	8	9	10	11	12

느릅나무 느릅나무과 | 산야, 길가, 강가, 공원

Ulmus davidiana

꽃 : 3월　　　높이 : 10~30m　　　식용 : 어린잎

어린잎 나물

어린잎

새순

레시피

- 3~5월, 느릅나무의 보드라운 어린잎을 채취하여 흐르는 물에 깨끗이 씻는다.
- 끓는 물에 데친 뒤 찬물에 우려내어 물기를 짜낸다.
- 쓴맛이 없기 때문에 간장 무침이나 고추장 무침으로 먹을 수 있다.
- 어린잎은 부드럽고 약간 푹신한 느낌이 있다. 느티나무 어린잎과 비교하면 쓴맛이 없고 식감도 비교적 좋다.

느릅나무의 꽃

느릅나무의 잎가지

원줄기는 높이 30m로 자라는 낙엽활엽교목이다. 잎은 어긋나며 긴 타원 모양으로 가장자리에 뾰족한 톱니가 있고 뒷면 맥 위에 털이 있다. 꽃은 4월 전후로 피고 꽃이 질 무렵 잎이 돋는다.

특징 수피를 '유백피(楡白皮)'라고 부르며 약용할 뿐 아니라 기근기에는 수피를 갈아 식량 대용으로 가식했다. 유사종인 당느릅, 참느릅, 흑느릅나무의 어린잎도 같은 것으로 취급하고 나물로 쓴다.

채취 전국의 산과 들판, 강가, 계곡가, 농촌의 길가, 도시공원에서 볼 수 있다. 이른 봄, 꽃이 핀 직후에 어린잎이 돋아나는데 그때 손가락 1~2마디로 자란 부드러운 어린잎을 채취한다.

채취시기 3~5월

식용부위 어린잎

식용방법 고추장 무침, 볶음

약용 효능 위암, 이뇨, 항염, 부종에 효능이 있다.

채취시기	1	2	3	4	5	6	7	8	9	10	11	12

느티나무 느릅나무과 | 산야, 길가, 강가, 공원

Zelkova serrata

🌼 꽃 : 4~5월　　　　✏️ 높이 : 25m　　　　🦋 식용 : 어린잎

어린잎 나물

어린잎

레시피

- 4월 전후로 느티나무의 어린잎을 채취하여 흐르는 물에 깨끗이 씻는다.
- 끓는 물에 소금을 넣고 20분가량 데친 뒤 찬물에 30분 이상 우려내 물기를 짜낸다.
- 쓴맛이 강하므로 간이 센 고추장이나 된장으로 버무려 먹는다.
- 참기름이나 들기름 볶음도 추천하나 맛은 좀 쓰고 텁텁하다.

느티나무의 새순

느티나무 줄기잎

원줄기는 높이 25m로 자라는 낙엽활엽교목이다. 잎은 어긋나며 긴타원 모양으로 가장자리에 뾰족한 톱니가 있고 잎 양면의 털은 점점 없어진다. 꽃은 4~5월에 취산꽃차례로 핀다.

특징 농촌에서 주로 정자나무나 성황당의 당산나무로 심었고 도시에서는 공원의 정원수나 도로변 가로수로 즐겨 심기 때문에 주변에서 흔히 볼 수 있는 나무이다. 어린잎을 채취할 때는 가급적 오염되지 않은 곳에서 채취해야 한다.

채취 전국의 산과 들판, 농촌의 길가, 도시공원에서 볼 수 있다. 이른 봄 꽃이 피기 전 잎이 돋아나는데 그때 손가락 1~2마디로 자란 부드러운 어린잎을 채취한다.

채취시기 4월

식용부위 어린잎

식용방법 고추장 무침, 볶음

약용 효능 폐암, 혈관질환에 효능이 있다.

채취시기	1	2	3	4	5	6	7	8	9	10	11	12

벚나무

장미과 | 산야, 도로변, 공원

Prunus serrulata

🌼 꽃 : 3~5월 　　　📐 높이 : 10~30m 　　　🌿 식용 : 어린잎

어린잎 나물

어린잎

새순

레시피

- 4월 전후 약간 붉은 빛이 남아있는 어린잎을 채취하여 흐르는 물에 깨끗이 씻어 준비한다.
- 소금을 넣고 끓는 물에 데친 뒤 찬물에 30분 이상 우려내어 물기를 짜낸다.
- 잎을 데치면 약간 파스타치오 아이스크림 향이 난다.
- 참기름으로 볶거나 고추장 양념으로 버무려서 먹을 수 있다.

벚꽃

수피에 핀 새순

원줄기는 높이 10~30m로 자란다. 잎은 어긋나며 달걀 모양으로 가장자리에 잔톱니 또는 이중 톱니가 있다. 꽃은 4~5월 우산모양꽃차례로 2~5개씩 달린다. 토종 벚나무의 열매는 벚찌, 서양종 벚나무는 큰 열매가 열리는 개량종이 있는데 이것이 체리 열매이다.

특징 농촌, 관광지 입구나 공원 등에 많이 식재해 주변에서 느티나무만큼 흔히 볼 수 있는 나무가 되었다. 산벚나무, 왕벚나무도 동일하게 사용한다. 어린잎을 채취할 때는 오염되지 않은 곳에서 채취해야 한다.

채취 전국의 산과 들판, 도로변 가로수, 도시공원의 정원수로 볼 수 있다. 이른 봄 꽃이 필 무렵 전후에 잎이 돋아나는데 그때 손가락 1~2마디로 자란 부드러운 어린잎을 채취한다.

채취시기 3~5월

식용부위 어린잎

식용방법 간장 무침, 참기름 볶음

약용 효능 기침, 담마진 등에 효능이 있다.

채취시기	1	2	3	4	5	6	7	8	9	10	11	12

두충
두충과 | 밭에서 재배, 야생화됨

Eucommia ulmoides

🌼 꽃 : 4~5월　　　✏️ 높이 : 15m　　　🦋 식용 : 어린잎, 줄기

두충차

어린잎

새순

레시피

- 4~5월 전후 뽀송뽀송한 털이 있는 어린잎이나 줄기를 채취한다.
- 물에 깨끗이 씻은 뒤 햇볕에 말려서 쓰거나 줄기는 적당히 잘라서 준비한다.
- 필요할 때마다 끓는 물에 잎이나 자른 줄기를 넣어 물이 졸 때까지 끓인다.
- 특유의 향과 약간 시큼하고 고소한 맛이 난다. 장시간 우리면 한층 부드러워
  지며 여름에 냉장 보관해서 마셔도 좋다.

두충의 꽃

두충의 가는 줄기

원줄기는 높이 15m로 자란다. 잎은 표면에 5~6쌍의 뚜렷한 잎맥과 오돌토돌한 질감이 있어 쉽게 구별할 수 있다. 꽃은 5월에 잎 아래쪽에서 달리는데 꽃처럼 보이지는 않는다.

특징 전세계에서 1과1속1종밖에 없는 나무이기 때문에 유사종이 없는 나무이다. 나무껍질을 '두충'이라 하여 약으로 사용하는데 요즘은 두충차 음료로 더 유명하다.

채취 중국에서 약용 목적으로 도입된 후 밭에서 재배하거나 민가에서 정원수로 키웠다. 이른 봄 꽃이 필 무렵 전후에 잎이 돋아나는데 그때 손가락 1~2마디로 자란 부드러운 어린잎을 채취한다.

채취시기 3~4월

식용부위 어린잎, 줄기

식용방법 차, 음료

약용 효능 보신강장, 항암, 당뇨, 골다공증, 고혈압, 천식, 면역력 강화, 항노화 등에 효능이 있다.

채취시기	1	2	**3**	**4**	5	6	7	8	9	10	11	12

감태나무 녹나무과 | 깊은 산이나 해안가 야산

Lindera glauca

꽃 : 4월　　　　高이 : 5m　　　　식용 : 어린잎

감태나무차

어린잎

새순

레시피

- 4월 전후로 뽀송뽀송한 털이 있는 어린잎과 줄기를 채취한다.
- 흐르는 물에 깨끗이 씻은 뒤 햇볕이나 건조기로 말린다.
- 필요할 때마다 끓는 물에 잎과 자른 줄기에 대추 등을 넣어 차를 끓인다.
- 차의 맛은 특유의 향이 있고 맛이 부드러우며 현미차나 둥굴레차 대용으로 안성맞춤이다.

감태나무의 암꽃

감태나무의 줄기잎

원줄기는 높이 2~5m로 자라는 낙엽활엽관목이다. 잎은 어긋나고 어린잎의 털은 성숙하면서 점점 사라진다. 꽃은 어린잎이 돋아난 바로 뒤인 4월경 잎 아래 쪽에서 핀다.

특징 암수딴그루이므로 자연번식을 하려면 암수그루를 같이 심어야 한다. 녹나무과 특유의 향기가 있는데 특히 차로 우리면 그 향기가 잘 살아난다.

채취 전국의 깊은 산이나 해안가의 오염되지 않은 야산 등에서 자생한다. 이른 봄, 꽃이 필 무렵 전후에 잎이 돋아나는데 그때 손가락 1~2마디로 자란 부드러운 어린잎을 채취한다.

채취시기 3~4월

식용부위 어린잎

식용방법 차, 음료

약용 효능 어혈, 감기예방, 심신안정, 냉통, 거풍, 면역력 강화, 골다공증 등에 효능이 있다.

채취시기	1	2	3	4	5	6	7	8	9	10	11	12

생강나무 녹나무과 | 깊은 산

Lindera obtusiloba

🌼 꽃 : 3월   📐 높이 : 3m   🌿 식용 : 어린잎

어린잎 나물

생강나무 잎

어린잎

레시피

- 3~4월 전후 어린잎을 채취하여 흐르는 물에 깨끗이 씻고 이물질을 제거한다.
- 차로 먹으려면 끓는 물에 생잎과 가지 등을 넣어 물이 졸 때까지 팔팔 끓인다.
- 나물로 무칠 경우에는 한번 데친 뒤 물기를 짜낸다.
- 기호에 따라 고추장으로 버무리거나 전으로 붙여 먹는다. 약간 텁텁하고 퍽퍽하지만 쫄깃한 맛이 있어 먹어볼만한 나물이다.

생강나무의 꽃

생강나무의 잎줄기

원줄기는 높이 2~3m로 자란다. 잎은 어긋나고 전체적으로 심장 모양이며 윗부분이 3~5개로 갈라진다. 꽃은 암수딴그루이고 3~5월에 잎보다먼저 핀다.

특징 감태나무와 같은 녹나무과 식물이지만 잎에서 나는 특유의 향은 다른 녹나무과에 비해 약한 편이다. 꽃을 씹거나 줄기 등을 자르면 생강 향이 나서 생강나무라고 한다.

채취 전국의 깊은 산이나 동네 야산, 해안가 야산 등에서 자생한다. 이른봄 꽃이 필 무렵에 잎이 나오는데 그때 손바닥보다 작은 크기의 뽀송뽀송한 어린잎을 채취한다.

채취시기 3~4월

식용부위 어린잎, 꽃, 가지

식용방법 차, 음료, 무침, 부침

약용 효능 혈액순환, 어혈, 부종 등에 효능이 있다.

채취시기	1	2	3	4	5	6	7	8	9	10	11	12

단풍나무 단풍나무과 | 전국의 산야, 길가, 공원

Acer palmatum

🌼 꽃 : 4~5월   ✏️ 높이 : 15m   🦋 식용 : 어린잎

어린잎 나물

어린잎

레시피

- 3~5월에 부드러운 어린잎을 채취하여 흐르는 물에 깨끗이 씻어서 준비한다.
- 끓는 물에 데친 뒤 찬물에 우려내어 물기를 짜낸다.
- 기호에 따라 간장이나 고추장 양념으로 버무린다.
- 맛은 잡맛이 거의 없고 순한 편이다. 흡사 다래덩굴의 잎과 비슷한 맛이 나므로 봄철에 순한 맛으로 즐길 수 있는 잎나물이다.

단풍나무의 어린잎과 꽃 · 단풍나무의 수형

원줄기는 높이 15m로 자라는 낙엽활엽교목이다. 잎은 마주나고 일반적으로 5~7갈래로 갈라진 손가락 모양이다. 꽃은 잡성 또는 암수한그루로 5월에 피는데 잎 아래쪽에 달리기 때문에 잘 보이지 않는다.

특징 단풍나무는 10여종 이상의 품종이 있는데 잎의 맛은 조금씩 다르다. 일반적으로 흔히 보는 단풍나무 잎이 별미 나물로 먹어볼 만하다. 연중 먹고 싶다면 묵나물을 만든다.

채취 전국에서 흔히 볼 수 있다. 도로의 가로수, 도시공원의 정원수로도 흔하고 가정집 마당에서도 키운다. 이른 봄 잎의 길이가 3cm 이하인 부드러운 어린잎을 오염되지 않은 곳에서 채취하여 나물로 무쳐 먹는다.

채취시기 3~5월

식용부위 어린잎

식용방법 간장 무침, 고추장 무침

약용 효능 관절염, 거풍습(祛風濕), 진통, 활혈 등에 효능이 있다.

채취시기	1	2	3	4	5	6	7	8	9	10	11	12

중국단풍나무
단풍나무과 | 가로수, 공원의 정원수

Acer buergerianum

꽃 : 4~5월　　　높이 : 15m　　　식용 : 어린잎

어린잎 나물

어린잎

새순

레시피

- 3~5월에 부드러운 어린잎을 채취하여 흐르는 물에 깨끗이 씻어 준비한다.
- 중국단풍은 쓴맛이 강하므로 소금을 넣고 끓는 물에 데친 뒤 찬물에 30분 이상 우려내어 물기를 짜낸다.
- 기호에 따라 간장이나 고춧가루 양념 등으로 버무려 먹는다.
- 약간 쓰고 텁텁한 맛이 나므로 입맛 없을 때 먹어도 좋다.

중국단풍나무의 꽃

중국단풍나무

원줄기는 높이 15m로 자라는 낙엽활엽교목이다. 잎은 마주나고 잎 가장자리는 단풍나무와 달리 3갈래로 갈라져 흡사 오리발 모양이다. 꽃은 4~5월에 피고 신나무 꽃과 비슷하다.

특징 약용 보다는 조경 목적으로 국내에 도입된 것으로 추정된다. 수형이 아름답고 가을 단풍이 곱기 때문에 도로변 가로수나 정원수로 보급되고 있다. 비슷한 나무로는 같은 단풍나무속(Acer)의 신나무가 있다.

채취 중국 원산으로 우리나라에서는 공원이나 민가에서 심어 기르거나 도로변 가로수로 기른다. 이른 봄 꽃이 필 무렵 전후에 부드러운 어린잎을 채취해서 나물거리로 준비한다.

채취시기 4~5월

식용부위 어린잎

식용방법 간장 무침, 고추장 무침

약용 효능 뿌리를 해열, 관절염에 약용한다.

채취시기	1	2	3	4	5	6	7	8	9	10	11	12

국수나무 장미과 | 전국의 산야

Stephanandra incisa

꽃 : 5~7월   높이 : 1~2m   식용 : 어린잎

국수나무 순나물

어린잎

잎

레시피

- 4~5월에 부드러운 어린잎을 채취하여 흐르는 물에 깨끗이 씻어 준비한다.
- 끓는 물에 데친 뒤 찬물에 우려내어 물기를 짜낸다.
- 기호에 따라 간장이나 고추장 양념 등으로 버무려 무친다.
- 식감은 다소 질기고 특징적인 향이나 맛은 없으나 다른 나물과 섞어서 먹으면 풍미와 식감이 살아난다.

국수나무의 꽃

국수나무의 잎줄기

원줄기는 높이 2m로 자라는 낙엽활엽관목이다. 잎은 어긋나고 일반적으로 삼각형에 3갈래로 갈라지고 갈라진 부분마다 톱니가 있다. 꽃은 5~7월에 흰색으로 자잘하게 핀다.

특징 줄기 속이 국수 면발처럼 생겼다 하여 국수나무라는 이름이 붙었다. 유사종으로 '나도국수나무', '섬국수나무' 등이 있는데 꽃과 잎 모양이 조금씩 다르다.

채취 전국의 산야에서 자생하고 있고 동네 뒷산에서도 흔히 볼 수 있다. 봄에 잎의 길이가 2~3cm 이하인 부드러운 어린잎을 수확해서 나물로 무쳐 먹는다.

채취시기 4~5월

식용부위 어린잎

식용방법 간장 무침, 고추장 무침, 볶음 나물

약용 효능 해열, 지혈, 당뇨에 사용한다.

채취시기	1	2	3	**4**	**5**	6	7	8	9	10	11	12

닥나무
뽕나무과 | 경기이남의 산야, 민가

Broussonetia kazinoki

꽃 : 5~6월 　　　 높이 : 2~3m 　　　 식용 : 어린잎

어린잎 나물

어린잎

잎

레시피

- 4~5월에 부드러운 어린잎을 채취하여 물에 깨끗이 씻어 준비한다.
- 끓는 물에 데친 뒤 찬물에 우려내어 물기를 짜낸다.
- 간장이나 고추장 양념으로 버무려 먹거나, 올리브유 등으로 볶거나 들기름,
  마늘, 깨, 매실 등을 넣고 볶아 먹어도 좋다.
- 봄나물 특유의 싱싱한 향과 맛을 느낄 수 있다.

닥나무의 꽃

닥나무

원줄기는 높이 3m로 자라는 낙엽활엽관목이다. 잎은 어긋나고 일반적으로 달걀형이지만 2~3갈래로 깊게 갈라지는 잎이 같이 달린다. 꽃은 5~6월에 붉은색으로 피고 꽃잎은 없다.

특징 예로부터 한지(창호지)를 만들 때 원료로 사용한 나무이다. 유사종으로 뽕나무가 있지만 잎 모양만 비슷하고 꽃 모양은 완전히 다르다.

채취 경기도 이남의 산야에서 자생하지만 한지를 만들기 위해 재배하기도 하면서 민가 주변으로 퍼졌다. 봄에 꽃이 피기 전후에 부드러운 어린잎을 수확해서 나물거리로 준비한다.

채취시기 4~5월

식용부위 어린잎

식용방법 간장 무침, 고추장 무침, 볶음

약용 효능 혈액순환, 이뇨, 타박상에 효능이 있다.

| 채취시기 | 1 | 2 | 3 | **4** | **5** | 6 | 7 | 8 | 9 | 10 | 11 | 12 |

뽕나무&산뽕나무 뽕나무과 | 전국의 산야, 민가

Morus bombycis

꽃 : 5월　　　높이 : 3~8m　　　식용 : 어린잎

어린잎 나물

어린잎

레시피

- 4~5월, 뽕나무의 부드러운 어린순을 채취하여 물에 깨끗이 씻어 준비한다.
- 끓는 물에 데친 뒤 찬물에 우려내어 물기를 짜낸다. 나물로 먹을 때는 새순을 말려 묵나물로 보관해두고 먹기도 한다.
- 간장이나 고추장 양념으로 버무려 먹거나 밥에 쪄먹는 뽕밥도 좋다.
- 고급스러운 맛이 느껴지는 봄나물이다.

뽕나무의 잎

뽕나무 수형

원줄기는 높이 3m로 자라고 잔가지가 많이 갈라진다. 잎는 어긋나고 달걀형으로 가장자리가 3~5개로 갈라지거나 갈라지지 않는다. 꽃은 5월에 피고 암수딴그루이다. 열매는 산딸기와 비슷하며 '오디'라고 부르며 식용한다.

특징 비단용 실을 뽑는 양잠농업에서 누에의 식량이 되기 때문에 예로부터 널리 재배한 나무다. 잎이 연하고 맛있기 때문에 누에가 잘 먹는다.

채취 전국의 해발 1,100m 이하 산야에서 자생하지만 양잠농업을 목적으로 재배하면서 현재는 농촌의 민가 주변이나 강둑에서 볼 수 있다. 닥나무와 마찬가지로 봄에 꽃이 피기 전후에 부드러운 어린잎을 수확해서 나물거리로 준비한다.

채취시기 4~5월

식용부위 어린잎

식용방법 간장 무침, 고추장 무침, 묵나물, 뽕잎밥

약용 효능 부종, 각기, 변비, 이명, 당뇨, 마비증 등에 효능이 있다.

채취시기	1	2	3	4	5	6	7	8	9	10	11	12

고추나무
고추나무과 | 전국의 산야, 민가

Staphylea bumalda

🌼 꽃 : 5~6월　　✏️ 높이 : 3~5m　　🦋 식용 : 어린잎

어린잎 나물

어린잎

고추나무 잎

레시피

- 4~6월, 어린잎을 채취하되 꽃망울이 생길 무렵까지 채취하면 된다.
- 채취한 어린잎을 물에 깨끗이 씻어 준비한다.
- 끓는 물에 데친 뒤 찬물에 잠깐 우려내어 물기를 짜낸다.
- 맛이 순하기 때문에 간장 양념에 잘 어울리는 잎나물이다.
- 나물 맛은 순하고 부드러우며 고소한 맛이 난다.

고추나무의 꽃

고추나무의 열매

높이 3~5m로 자라는 낙엽활엽관목이다. 잎은 마주나고 3개의 소엽으로 구성되어 있다. 꽃은 4~6월에 잎자루 끝에나 잎겨드랑이에서 자잘하게 흰색으로 핀다.

특징 잎 생김새가 고춧잎과 비슷하다고 해서 고추나무라는 이름이 붙었다. 고추나무의 어린잎으로 만든 나물은 고추잎 반찬보다 더 순하고 맛있기 때문에 봄철이면 일부로 찾는 이들도 많다.

채취 전국의 산야에서 자생하고 더러 도시공원이나 마을공원의 정원수로도 식재한 것을 만날 수 있다. 봄에 오염되지 않은 서식지에서 어린잎을 채취하되 꽃망울이 생길 무렵까지 채취하면 된다.

채취시기 4~6월

식용부위 어린잎

식용방법 간장 무침, 고추장 무침

약용 효능 마른 기침, 부인병 등에 효능이 있다.

채취시기	1	2	3	4	5	6	7	8	9	10	11	12

고광나무 (오이순나물) 범의귀과 | 전국의 깊은 산

Philadelphus schrenkii

🌼 꽃 : 4~6월   ✎ 높이 : 2~3m   ✂ 식용 : 어린잎

어린잎 나물

어린잎

새순

레시피

- 3~5월, 고광나무의 부드러운 어린잎을 채취한다.
- 채취한 잎은 흐르는 물에 깨끗하게 씻어 준비한다.
- 어린잎을 끓는 물에 데친 뒤 찬물에 우려내어 물기를 짜낸다.
- 기호에 따라 간장이나 고추장 양념으로 버무린다.
- 연한 오이향이 나는 봄철의 싱그러운 잎나물 맛이다.

176

고광나무의 꽃

고강나무의 잎

고광나무는 높이 2~4m로 자라고 잔가지가 많이 갈라진다. 잎은 마주나 며 달걀형이고 가장자리에 뚜렷하지 않은 톱니가 있다. 꽃은 6~7월에 흰 색으로 핀다.

특징 잎에서 오이향이 난다고 하여 '오이순나물'이라고 부른다. '털고광 나무', '섬고광나무' 등의 근연종이 많다. 꽃에서는 범의귀과 특유의 향기 가 난다. 나물로 섭취할 때는 모두 같은 것으로 취급한다.

채취 전국의 산야에서 자생하지만 특히 강원도의 높은 산에서 많이 볼 수 있고 요즘은 도시공원에도 보급되고 있다. 꽃이 피기 전에 오염되지 않은 서식지에서 부드러운 잎을 채취해 나물거리로 준비한다.

채취시기 3~5월

식용부위 어린잎

식용방법 간장 무침, 고추장 무침

약용 효능 치질, 이뇨, 강장에 효능이 있다.

채취시기	1	2	3	4	5	6	7	8	9	10	11	12

찔레꽃 장미과 | 전국의 산야, 공원, 화단

Rosa multiflora

꽃 : 5~6월   높이 : 2m   식용 : 어린잎

찔레순나물

어린잎

찔레꽃의 잎

레시피

- 3~5월에 어린잎 또는 새순을 채취해 준비한다. 약간 가시가 있는 어린잎은 데치면 가시가 연해진다. 흐르는 물에 깨끗이 씻어 이물질을 제거한다.
- 끓는 물에 데친 뒤 찬물에 우려내어 물기를 짜낸다.
- 간장보다는 고추장이나 된장 같은 간이 센 양념으로 버무린다.
- 식감은 쫄깃하고 양념에 따라 맛이 다른 나물 맛을 선사한다.

활짝핀 꽃

찔레꽃

높이 2m로 자라고 잔가지가 많이 갈라진다. 잎은 어긋나기하며 깃꼴겹잎이고 소엽은 5~9개이고 잔톱니가 있다. 꽃은 5월에 흰색으로 피고 연한 장미향이 난다.

특징 찔레꽃은 들장미 품종의 하나이다. 예로부터 새순을 찔레순이라고 부르며 식용해왔다. 근연종으로는 '돌가시나무'와 '용가시나무'가 있다.

채취 전국의 산야에서 자생하는 들장미의 하나이다. 요즘은 도시공원이나 가정집 화단에서도 흔히 재배한다. 봄철에 부드러운 어린잎을 채취하되 가급적 새순을 채취한다.

채취시기 3~5월

식용부위 어린잎

식용방법 고추장 무침, 참기름 볶음

약용 효능 청열, 혈액순환, 당뇨, 관절염, 사지마비에 약용한다.

| 채취시기 | 1 | 2 | **3** | **4** | **5** | 6 | 7 | 8 | 9 | 10 | 11 | 12 |

다래덩굴 노박덩굴과 | 전국의 깊은 산

Actinidia arguta

🌷 꽃 : 5월   ✏️ 높이 : 10~20m   🌾 식용 : 어린잎

다래순나물

어린잎

새순

레시피

- 4월, 다래잎을 채취하거나 전통 재래시장에서 구입할 수 있다. 다래순을 묵나물로 판매하기도 한다. 물에 깨끗이 씻은 다래순을 준비한다.
- 끓는 물에 데친 뒤 찬물에 우려내어 물기를 짜낸다.
- 식이섬유가 풍부한 순한 나물이므로 간장 양념에 잘 어울린다.
- 식감은 쫄깃하고 부드러우며 특별한 향이나 쓴맛은 없다.

다래의 꽃

다래 열매

낙엽활엽덩굴식물로 길이 20m까지 자란다. 잎은 어긋나고 넓은 달걀형이며 잎 가장자리에는 세밀한 잔톱니가 있다. 꽃은 암수딴그루이고 4~5월경에 꽃이 핀다.

특징 열매를 다래라고 부르며 식용하는데 이는 키위의 한 종류로써 토종키위라고 할 수 있다. 열매는 날것을 식용하거나 술, 주스, 잼을 만들 수있다. 잎이 비슷한 식물로 노박덩굴이 있다.

채취 전국의 깊은 산 계곡 주변이나 절벽 부근에서 자생한다. 봄에 부드러운 어린순을 채취하거나 산나물 가게에서 다래순을 구입한다.

채취시기 4월

식용부위 어린잎

식용방법 간장 무침, 참기름 볶음

약용 효능 비타민C 풍부, 다이어트, 위장, 소화, 황달, 류머티즘 등에 효능이 있다.

채취시기	1	2	3	4	5	6	7	8	9	10	11	12

두릅나무(참두릅) 두릅나무과 | 전국의 깊은 산

Aralia elata

🌸 꽃 : 8~9월　　　📏 높이 : 3~4m　　　🌱 식용 : 줄기에서 올라온 새싹

참두릅 초무침

참두릅

새순

레시피

- 3~4월에 두릅나무순을 손이나 칼로 채취한다.
- 채취한 순을 물에 깨끗이 씻어 이물질을 제거하여 준비한다.
- 끓는 물에 데치면 부드러워지는데 찬물에 우려내어 물기를 짜낸다.
- 데친 참두릅순을 초장에 찍어 먹는다.
- 두릅 특유의 향과 쫄깃한 맛을 즐길 수 있다.

두릅나무의 꽃

두릅나무의 잎줄기

높이 3~4m로 자라는 낙엽활엽관목이다. 잎은 어긋나고 홀수 2회 깃꼴겹
잎이고 잎자루와 소엽은 물론 줄기에도 가시가 있다. 꽃은 8~9월에 복총
상꽃차례로 핀다.

특징 시중에서 판매하는 두릅은 '참두릅', '개두릅(엄나무순)', '땅두릅(독활)'이
있는데 그중 가장 맛있는 두릅이 두릅나무 줄기에서 나는 새순이다. 이
두릅나무 새순은 다른 두릅과 구별하기 위해 '참두릅'이라고 부른다.

채취 깊은 산에서 자생하지만 밭에서 재배하면서 널리 퍼졌다. 봄철에 줄
기에서 올라오는 순을 채취해 준비하거나 마트에서 참두릅을 구입해 준
비한다.

채취시기 3~4월

식용부위 줄기에서 올라온 새순

식용방법 데침, 초고추장 무침, 장아찌, 물김치

약용 효능 강장, 혈액순환, 거풍, 신염, 관절염, 간염, 당뇨에 좋다.

채취시기	1	2	3	4	5	6	7	8	9	10	11	12

음나무 (개두릅) 두릅나무과 | 전국의 깊은 산

Kalopanax septemlobus

🌼 꽃 : 7~8월   📏 높이 : 25m   ꕔ 식용 : 줄기에서 올라온 새싹

개두릅나물 무침

개두릅(엄나무순)

새순

레시피

- 4~5월에 음나무(엄나무) 어린순 채취하여 흐르는 물에 씻어 준비한다.
- 어린순을 끓는 물에 데친 뒤 찬물에 우려내어 물기를 짜낸다.
- 초장에 데친 순을 찍어 먹거나 기호에 따라 고추장 또는 된장 양념으로 버무려 먹는다. 또한 장아찌로 담가 먹기도 한다.
- 개두릅 특유의 초피향 비슷한 향기와 함께 쫄깃한 식감이 좋다.

음나무의 꽃

음나무의 줄기와 잎

높이 25m로 자라는 낙엽활엽교목이다. 잎은 어긋나고 잎 가장자리는 5~9개로 갈라져 손가락 모양이다. 꽃은 8~9월에 우산모양꽃차례로 자잘한 꽃들이 모여 달린다.

특징 두릅나무와 마찬가지로 줄기에 가시가 있다. 맛은 참두릅이나 땅두릅에 비해 떨어지기 때문에 '개두릅'이란 이름이 붙었고 '엄나무순(음나무순)'이라고 부르기도 한다.

채취 깊은 산에서 자생하지만 개두릅 채취 목적으로 밭에서 재배하기도 한다. 관상수로 좋기 때문에 도시공원에서도 정원수로 식재한다. 봄에 줄기에서 올라오는 싹을 채취해 준비하거나 마트에서 개두릅을 구입해 준비한다.

채취시기 3~4월

식용부위 줄기에서 올라온 새싹

식용방법 데침, 된장 무침, 장아찌

약용 효능 혈액순환, 거풍, 근육마비, 관절염, 종기에 좋다.

채취시기	1	2	**3**	**4**	5	6	7	8	9	10	11	12

참죽나무 (가죽나물) 멀구슬나무과 | 재배하거나 식재

Cedrela sinensis

꽃 : 5~6월　　　　높이 : 30m　　　　식용 : 줄기에서 올라온 새싹

새순나물

새순

가지에 올라온 새순

레시피

- 4~5월, 참죽나무 줄기에서 올라오는 새순을 채취한다.
- 흐르는 물에 깨끗이 씻고 이물질을 제거한다.
- 고약한 향이 나므로 소금을 넣고 끓는 물에 데친 뒤 찬물에 30분 간 우려낸다.
- 향을 없애기 위해 고추장이나 된장 양념으로 진하게 버무린다.
- 호불호가 갈리는 향이지만 아삭하게 먹을 수 있는 나물이다.

참죽나무의 꽃

참죽나무의 잎

높이 30m로 자라는 낙엽활엽교목이다. 잎은 어긋나고 깃꼴겹잎으로 소엽은 10~20개이다. 꽃은 5~6월에 원뿔모양꽃차례로 자잘한 꽃이 모여 달린다.

특징 참죽나무는 진짜 죽나무라는 뜻에서 이름 붙었고 비슷한 가죽나무는 가짜 죽나무라는 뜻에서 이름 붙었다. 참중나무라고도 한다. 가죽나무는 도시의 야산에서도 흔한 반면 참죽나무는 산 속에서 볼 수 있다.

채취 고려 말 중국에서 우리나라에 전래되었다. 현재는 사찰 등에 참죽나무 노거수들이 있는 것을 볼 수 있다. 봄에 줄기에서 올라오는 어린순을 '가죽나물'이라 하여 식용한다.

채취시기 4~5월

식용부위 줄기에서 올라온 새싹

식용방법 데침, 초고추장 무침, 장아찌

약용 효능 지혈, 유정, 설사 외 대하 같은 여성병 등에 효능이 있다.

채취시기	1	2	3	**4**	**5**	6	7	8	9	10	11	12

오갈피나무(오가피) 두릅나무과 | 전국의 산야, 민가

Eleutherococcus sessiliflorus

꽃 : 8~9월　　　높이 : 3~4m　　　식용 : 어린잎, 새싹

어린잎 나물

어린잎

새순

레시피

- 4~5월에 오갈피나무의 새순이나 어린잎을 채취한다.
- 흐르는 물에 깨끗이 씻어 이물질을 제거한다.
- 쓴맛이 있으므로 소금을 넣고 끓는 물에 데친 뒤 찬물에 30분 간 우려낸다.
- 쓴맛을 제거하기 위해 고추장이나 된장 양념을 진하게 버무린다.
- 나물 맛이 쌉싸름하므로 찬물에 우려낼 때 여러 번 우려내야 한다.

오갈피나무의 꽃

오갈피남의 잎과 줄기

높이 3~4m로 자라는 낙엽활엽관목이다. 잎은 어긋나고 손바닥 모양으로 갈라진 겹잎이다. 꽃은 8~9월에 산형꽃차례로 자잘한 꽃들이 모여 달린다.

특징 오가피는 열매가 약용에 좋아 보이지만 실은 뿌리와 잎을 더 많이 약용한다. 어린잎은 나물로 먹을 수 있을 뿐 아니라 차로 우려 마실 수 있으므로 피로회복제를 겸해 마실 수 있다. 특히 새순은 다섯 개의 잎이 마치 인삼 잎과 닮았고, 잎이 다섯 갈래로 갈라져 오갈피나무라고 부른다.

채취 깊은 산에서 자생하지만 약용 목적으로 재배하면서 농가 주변으로 퍼졌다. 봄에 부드러운 잎이나 싹을 채취해 식용한다.

채취시기 4~5월

식용부위 어린잎, 새싹

식용방법 참기름 볶음, 고추장 무침, 데침

약용 효능 피로회복, 자양강장, 요통, 거풍, 혈액순환에 좋다.

채취시기	1	2	3	**4**	**5**	6	7	8	9	10	11	12

#홑잎나물 #홋잎나물 #어린잎 #순한맛

화살나무 (홑잎나물) 노박덩굴과 | 전국의 산야, 공원

Euonymus alatus

🌼 꽃 : 5~6월 　　　✏️ 높이 : 3m 　　　🌿 식용 : 어린잎

홑잎나물 무침

어린잎

새순

레시피

- 4~5월, 화살나무의 어린순 또는 어린잎을 채취하여 흐르는 물에 깨끗이 씻어 준비한다.
- 부드러운 어린잎을 끓는 물에 살짝 데친 뒤 물기를 짜낸다.
- 간장 또는 고추장을 기본으로 하여 기호에 맞는 양념으로 버무려 무친다.
- 맛은 순하고 부드럽고 식감이 좋아 즐겨 먹는 봄 잎나물 중 하나이다.

화살나무의 꽃

화살나무의 줄기(날개가 있음)

높이 3~4m로 자라는 낙엽활엽관목이다. 잎은 마주나며 가장자리에 잔톱 니가 있고 줄기에는 코르크질의 날개가 있다. 황록색 꽃은 5월 취산꽃차 례로 핀다.

특징 홀잎나물이라고 한다. 보통 화살나무나 회잎나무의 어린잎이나 어 린순을 말한다. 줄기 모양이 화살 날개처럼 생겨서 화살나무라고 부르며 한방에서는 이 날개가 귀신을 쫓는다고 해서 '귀전우(鬼箭羽)'라고 한다.

채취 전국의 산야에서 자생하지만 요즘은 울타리 식물로 흔히 심기 때문 에 도심공원의 울타리 식물로 많이 볼 수 있다. 오염되지 않은 곳을 찾아 봄에 부드러운 잎이나 싹을 채취해 식용한다.

채취시기 4~5월

식용부위 어린잎

식용방법 참기름 볶음, 간장 무침

약용 효능 어혈, 통경, 여성병에 좋고 고혈압, 항암에도 약용한다.

채취시기	1	2	3	4	5	6	7	8	9	10	11	12

회잎나무 노박덩굴과 | 전국의 산야

Euonymus alatus

🌸 꽃 : 5~6월   ✐ 높이 : 3m   ✿ 식용 : 어린잎

홀잎나물 무침

어린잎

새순

레시피

- 4~5월에 회잎나무의 새순이나 어린잎을 채취한다.
- 흐르는 물에 깨끗이 씻고 잎자루 꼭지는 떼어 버린다.
- 끓는 물에서 데친 뒤 찬물에 행궈 물기를 짜낸다.
- 간장이나 고추장을 기본으로 하되 기호에 맞는 양념으로 무쳐 먹는다.
- 화살나무 어린순 보다 좀 더 연하고 맛도 순하다.

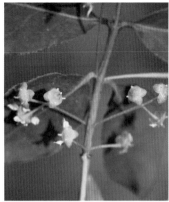
회잎나무의 꽃

회잎나무

높이 3~4m로 자라는 낙엽활엽관목이다. 잎은 마주나며 가장자리에 잔톱니가 있고 어린줄기에는 날개가 없다. 황록색 꽃은 5월에 취산꽃차례로 핀다.

특징 원래는 화살나무의 어린잎을 '홑잎나물'이라고 하지만 회잎나무 어린잎도 거의 비슷하므로 같은 홑잎나물로 취급한다. 회잎나무는 때에 따라 굵은 줄기에 화살촉처럼 날개가 있는 경우도 있지만 어린 줄기에는 날개가 거의 없다.

채취 전국의 산야에서 자생하는데 주로 산의 암석지에서 자생한다. 요즘은 울타리 식물로 흔히 심지만 화살나무에 비해 보급률은 낮다. 오염되지 않은 서식지에서 부드러운 잎이나 싹을 채취해 식용한다.

채취시기 4~5월

식용부위 어린잎

식용방법 참기름 볶음, 간장 무침

약용 효능 화살나무에 준해 약용한다.

채취시기	1	2	3	**4**	**5**	6	7	8	9	10	11	12

초피나무&산초나무 운향과 | 전국의 산야

Zanthoxylum piperitum

🌼 꽃 : 5~6월   ✏️ 높이 : 2~3m   🦋 식용 : 어린잎

탕이나 찌게의 향신료

어린잎

레시피

- 4~5월, 산초나무의 새순이나 어린잎을 채취한다.
- 산초나무 어린잎을 물에 깨끗이 씻고 잎자루나 가시 부분은 제거한다.
- 보통은 추어탕 등의 생선요리 향신료로 사용하지만 어린잎은 나물로 쓴다.
- 잘 씻은 어린잎을 다듬어 기호에 맞는 양념으로 버무려서 무쳐 먹는다.
- 탕이나 생선요리의 비린내 제거와 식중독을 예방하는 효과가 있다.

초피나무의 잎

산초나무의 잎

높이 1~3m로 자라는 낙엽활엽관목이다. 잎은 어긋나며 홀수깃꼴겹잎이다. 황록색 꽃은 5월에 취산꽃차례로 핀다.

특징 초피나무의 근연종은 산초나무가 있다. 흔히 말하는 산초 향신료는 산초나무가 아닌 초피나무 열매로 만든 것을 말한다. 초피나무와 산초나무의 모습은 비슷하지만 초피나무는 잎 가장자리가 톱니 모양이고 줄기 가시가 어긋나며 산초나무는 잎 가장자리가 매끈한 편이고 줄기 가시가 마주난다.

채취 인적 없는 산야나 야산에서 흔히 자생한다. 산초나무는 도시의 산에도 흔하고, 초피나무는 해안가 야산에서 종종 보인다. 부드러운 잎을 채취해 나물은 물론 요리의 향신료로 사용한다.

채취시기 연중

식용부위 어린잎

식용방법 나물, 요리의 향신료

약용 효능 부종, 천식, 해독, 피부염에 효능이 있고 식중독을 예방한다.

채취시기	1	2	3	4	5	6	7	8	9	10	11	12

줄딸기 장미과 | 전국의 깊은 산

Rubus pungens

🌼 꽃 : 5~6월   ✏️ 높이 : 2m   🦋 식용 : 어린잎

어린잎 나물

어린잎

레시피

- 4~5월에 줄딸기나 복분자의 새순이나 어린잎을 채취한다. 가급적 깃꼴겹잎
  (작은잎이 새의 깃털 모양으로 배열되어 있는 잎)의 어린잎을 채취한다
- 깨끗이 씻되 잎자루나 가시가 있는 부분은 제거한다.
- 나물을 끓는 물에 데친 뒤 찬물에 30분 정도 우려내어 물기를 짜낸다.
- 참기름과 기호에 맞는 양념(마늘, 간장, 깨소금, 매실 등)으로 볶는다.
- 약간 쌉싸름한 맛이 나며 봄나물 반찬으로 좋다.

복분자딸기의 어린잎

줄딸기의 꽃

길이 2m로 자라는 낙엽활엽덩굴식물이다. 잎은 어긋나며 홀수깃꼴겹잎이다. 꽃은 4~5월에 가지 끝에 1개씩 달리고 색상은 흰색에서 연분홍색으로 핀다.

특징 야생종 딸기나무는 줄딸기 외에도 10여 품종이 있지만 줄딸기와 비슷한 깃꼴겹잎의 나무는 복분자딸기 등이 있다. 열매는 산딸기와 같은 모양이므로 생식하거나 잼을 만들 수 있다.

채취 인적 없는 산야의 양지바른 곳에서 자생한다. 봄에 부드러운 잎을 채취해 나물거리로 식용한다. 어린잎은 나물로, 말린 열매는 한방에서 '산매'라 하여 약용한다.

채취시기 4~5월

식용부위 어린잎

식용방법 참기름 볶음, 고추장 무침

약용 효능 복분자와 비슷한 효능으로 면역력과 항암, 천식, 당뇨, 혈관질환에 효능이 있다.

채취시기	1	2	3	4	5	6	7	8	9	10	11	12

197

팥배나무 장미과 | 전국의 산야

Aria alnifolia

🌼 꽃 : 5~6월   ✏️ 높이 : 15m   🌿 식용 : 어린잎

어린잎 고추가루 무침

어린잎

레시피

- 3~5월 초, 오염되지 않은 곳에서 팥배나무의 새순 또는 어린잎을 채취한다.
- 물에 깨끗이 씻고 이물질 등을 제거한다..
- 소금을 넣고 끓는 물에 데친 뒤 찬물에 쓴맛을 우려 물기를 짜낸다.
- 참기름으로 볶아서 먹거나 고추장으로 양념하여 나물로 무쳐 먹는다.
- 식감은 아삭하고 약간 쌉싸래한 봄의 잎나물이다.

팥배나무의 꽃

팥배나무

높이 15m로 자라는 낙엽활엽교목이다. 잎은 어긋나며 타원상 달걀형이고 가장자리에 이중톱니가 있으며 표면에 깊은 맥과 윤채가 있다. 꽃은 흰색으로 5~6월에 편평꽃차례로 자잘한 꽃이 모여 달린다.

특징 가을 단풍이 화려하기 때문에 도시공원의 정원수로 인기가 높다. 꽃은 산사나무 꽃과 비슷하고 독특한 향이 있다. 잎 표면에 깊은 주름과 함께 윤채가 있으므로 산에서 잎 모양을 보면 바로 알아볼 수 있는 나무이다. 단풍이 지면 붉은색 열매가 주렁주렁 달리는 것도 아름답다.

채취 전국의 깊은 산에서 자생하지만 도심지에서도 팥배나무를 조림수로 사용해 많이 볼 수 있게 되었다. 봄에 부드러운 어린잎을 채취한다.

채취시기 3~5월 초

식용부위 어린잎

식용방법 나물 볶음, 고추장 무침

약용 효능 피를 보하고 피로, 과로 등에 효능이 있다.

채취시기	1	2	3	4	5	6	7	8	9	10	11	12

은사시나무 버드나무과 | 농촌의 길가, 야산

Populus tomentiglandulosa

꽃 : 4월　　　　높이 : 20m　　　　식용 : 어린잎

어린잎 나물

어린잎

회백색의 잎뒷면

레시피

- 4월에 오염되지 않은 곳에서 은사시나무의 새순이나 어린잎을 채취한다.
- 채취한 어린잎은 물에 깨끗이 씻어 이물질을 제거한다.
- 아주 쓴맛이 나므로 소금을 넣고 끓는 물에 푹 데친 뒤 찬물에 30분 이상 여러 번 우려내어 물기를 짜낸다.
- 기호에 따라 고추장 양념으로 무치거나 참기름 등으로 볶는다.
- 식감은 두툼해서 씹는 맛은 있지만 쌉싸래한 쓴맛이 난다.

은사시나무의 꽃　　　　　　　은사시나무

높이 20m로 자라는 낙엽활엽교목이다. 잎은 어긋나며 원형~달걀형이고 가장자리에 둔한 이빨 모양의 톱니가 있다. 꽃은 암수딴그루이거나 암수한그루이고 4월에 꼬리 모양으로 핀다.

특징 은사시나무는 사시나무와 은백양 사이에서 자연발생한 잡종 품종이다. 비슷한 나무로는 인공교배한 잡종인 현사시나무가 있다.

채취 농촌이나 도심지의 야산에서 인공조림으로 심은 나무이다. 동네 뒷산에서도 잘 찾아보면 흔히 볼 수 있다. 봄에 가급적 줄기에서 나온 싹이나 어린잎을 채취한다.

채취시기 4월

식용부위 어린잎

식용방법 고춧가루 무침, 고추장 볶음

약용 효능 사시나무와 같은 해수, 천수, 가래, 마비에 효능이 있을 것으로 추정한다.

채취시기	1	2	3	4	5	6	7	8	9	10	11	12

진달래 진달래과 | 전국의 산야

Rhododendron mucronulatum

꽃 : 3~4월　　　　높이 : 2~3m　　　　식용 : 꽃

진달래 화전

레시피

- 3~4월에 오염되지 않은 곳에서 진달래 꽃을 채취한다. 싱싱한 꽃을 날로 먹어도 달콤하지만 주로 화전의 재료로 사용한다.
- 찹쌀가루나 밀가루로 화전의 재료인 반죽을 만든다. 화전은 찹쌀로 만드는 것이 가장 맛있다.
- 후라이팬에 기름을 치고 찹쌀반죽을 꽃보다 조금 큰 크기로 납작하게 굽는다.
- 상하를 뒤집어 살짝 구은 상태에서 위쪽에 진달래 꽃을 장식한 뒤 뒤집어서 다시 한번 굽는다.
- 다 구운 진달래 화전을 꿀이나 시럽에 찍어 먹으면 아주 맛난다.

진달래꽃　　　　　　　　　　　　진달래꽃

높이 1~3m로 자라는 낙엽활엽관목이다. 잎은 어긋나며 긴 타원형이다. 꽃은 4~5월에 잎보다 먼저 피고 꽃이 한창일 때 잎이 돋아난다.

특징 진달래와 외형이 비슷한 나무로는 산철쭉류이다. 산철쭉은 꽃이 피기 전 잎이 먼저 돋아나고 진달래가 산철쭉보다 조금 더 일찍 피므로 진달래와 구별할 수 있다. 산철쭉은 독성이 있으므로 진달래와 달리 꽃을 식용할 수 없다.

채취 농촌은 물론 대도시 야산에서도 흔히 자생한다. 보통 바위 틈에서 자생한다. 3~4월 꽃이 필 때 오염되지 않은 서식지에서 꽃을 채취한다.

채취시기 3~4월

식용부위 꽃

식용방법 화전(떡)

약용 효능 꽃과 뿌리를 어혈, 혈액순환, 지혈 등에 약용한다.

채취시기	1	2	3	4	5	6	7	8	9	10	11	12

아까시나무 콩과 | 산과 들판, 동네 뒷산

Robinia pseudoacacia

🌸 꽃 : 5~6월   ✏️ 높이 : 25m   🦋 식용 : 어린잎, 꽃

어린잎 나물

아까시 화전

어린잎

새순

레시피

- 4~5월에 아까시나무의 1년생 줄기에 나는 새싹이나 어린잎을 채취한다.
- 부드러운 잎을 채취한 뒤 물에 깨끗이 씻어 이물질을 제거한다.
- 끓는 물에 데친 뒤 찬물에 우려내어 물기를 짜내고 간장과 참기름 등으로 무치거나 볶는다. 싱싱한 꽃은 화전 또는 튀김으로도 좋다.
- 어린잎으로 만든 나물은 순하지만 뒷맛은 약간 텁텁하다. 잎나물 치고는 비교적 먹어볼 만하다.

아까시나무 꽃

강가의 아까시나무

높이 25m로 자라는 낙엽활엽교목이다. 가는 줄기에는 탁엽이 변한 가시가 있다. 잎은 어긋나며 홀수깃꼴겹잎이고 소엽은 9~19개이다. 꽃은 5~6월에 총상꽃차례로 새 가지의 잎겨드랑이에서 달린다.

특징 '아카시아' 또는 '아까시아'라고 부르지만 식물학적 정식명칭은 '아까시나무'이다. 꽃에 꿀샘이 풍부해 벌들이 좋아하는 밀원식물이다. 꽃은 예로부터 식용 꽃으로 알려져 있다.

채취 북미 원산이지만 인공조림수로 전국에 식재되면서 지금은 동네 뒷산에서도 흔히 볼 수 있는 나무이다. 나물용 어린잎은 4~5월에, 화전용 꽃은 5~6월에 채취할 수 있다.

채취시기 4~6월

식용부위 어린잎, 꽃

식용방법 간장 무침, 볶음, 화전, 튀김

약용 효능 대장하혈, 지혈에 효능이 있다.

채취시기	1	2	3	4	5	6	7	8	9	10	11	12

고사리 잔고사리과 | 깊은 산 계곡 주변

Pteridium aquilinum

🌱 포자 : 8~10월   ✏️ 높이 : 1m   🌿 식용 : 어린순과 줄기

고사리나물

산의 양지바른 곳에서 자생한다. 잎 길이 20~100cm로 자라는 양치식물이다. 땅속 뿌리가 옆으로 뻗으면서 고사리들이 올라온다. 꽃은 없고 대신 포자라 8~10월에 생성된 후 바람에 날리면서 씨앗처럼 자연 번식을 한다.

특징 식용 고사리는 봄에 올라온 새싹을 묵나물로 말린 것을 말한다. 발암 성분이 있어 생 고사리를 함부로 먹으면 탈이 날 수 있다. 생 고사리도 소금을 넣고 끓는 물에 끓여 우려낸 것을 먹는다. 청열, 습진, 여성병, 해독의 효능이 있다.

레시피

- 이른 봄에 땅에서 30cm 정도 올라온 고사리순을 채취하거나 시장이나 마트에서 말린 고사리를 물에 풀어 준비한다.
- 끓는 물에 소금을 조금 넣고 한소끔 삶는다.
- 입맛에 따라 소금이나 간장 양념으로 무치거나 들기름, 다진 마늘, 다진 파, 간장 등을 넣고 달달 볶는다.
- 고사리나물 맛은 두툼하여 씹히는 식감이 좋고 매우 고소하다.

애호박 박과 | 하우스 재배

Cucurbita moschata

🌸 꽃 : 5~11월　　✎ 길이 : 2~10m　　🌿 식용 : 열매

애호박들깨 무침과 단호박샐러드

호박의 개량종인 애호박은 서울마디호박을 개량하다가 만들어진 품종이다. 아직 덜자란 호박이기 때문에 '애기호박'이란 뜻에서 '애호박'이라고 부른다. 비슷한 호박으로는 오이처럼 생긴 '주키니호박'이 있다.

특징 둥근 모양의 단호박은 보통 호박죽, 단호박 샐러드나 약으로 사용하는 반면, 애호박이나 주키니호박은 된장국, 찌개, 국거리로 먹거나 호박나물, 호박전으로 먹는 인기 채소이다. 노화예방, 변비, 성인병 예방 등에 좋다.

레시피

- 애호박을 준비하거나 말린 애호박을 물에 풀어 놓은 뒤 한소끔 삶아 준비한다. 애호박은 먹기 좋은 크기로 썰어 놓는다.
- 썰어놓은 애호박과 양파, 마늘, 새우젓 등을 넣고 들기름으로 볶는다.
- 물(육수)을 조금 넣고 끓이면서 소금, 들깨가루를 넣는다.
- 애호박들깨 무침이 만들어진다.

호박잎 박과 | 농가주변, 재배

Cucurbita moschata

🌼 꽃 : 5~11월   ✏️ 길이 : 2~10m   🌿 식용 : 잎

호박잎나물

애호박은 물론 동양계 호박이나 서양계 호박의 잎은 나물로 무쳐먹거나 데쳐서 된장 등에 쌈을 싸먹을 수 있다. 담백한 반찬이 필요하거나 잃어버린 입맛을 돋우어 줄 때 좋은 반찬이다.

특징 호박잎 나물은 다른 작물과 달리 꽃이 한창 피는 기간인 한여름 동안, 즉 7~10월에 수확해 준비해야 한다. 잎자루의 까칠한 잔털은 식감에 부담스럽기 때문에 줄기 껍질을 벗겨내고 먹어야 부드럽고 좋다.

레시피

- 여름에 부드러운 호박잎을 수확한다.
- 수확한 잎을 흐르는 물에 깨끗이 씻어 준비한다.
- 잎자루 윗부분을 꺾은 뒤 살살 잡아당겨서 줄기 껍질을 벗겨낸다.
- 끓는 물에 데친 후 된장을 올려 쌈을 싸 먹는다.
- 또는 데친 호박잎을 된장과 참기름 양념을 버무려 나물로 먹는다.
- 호박잎 나물의 담백한 맛은 여름철 입맛을 돋우어준다.

콩잎
콩과 | 농가주변, 재배

Glycine max

꽃 : 7~8월　　　　높이 : 60m　　　　식용 : 어린잎

콩잎장아찌

콩 품종에서 가장 유명한 대두는 중국에서 들어온 한해살이풀이다. 대두는 콩기름, 두부, 된장을 만들 때 사용하고 완두나 강낭콩은 콩밥에 넣어 먹거나 제과, 제빵에 사용하는 콩이다.

특징 콩잎 반찬은 콩 품종에 관계없이 김치, 장아찌, 소금절임으로 먹을 수 있다. 일반적으로 널리 알려진 방법은 항아리 된장에 박아 두었다가 먹는 콩잎 장아찌이다. 콩은 노화예방, 당뇨, 변비 등에 좋다.

레시피

- 여름에 콩잎을 채취한다. 콩잎은 녹색 잎뿐 아니라 황색으로 단풍이 든 것도 식용할 수 있지만 가급적 녹색 잎을 채취한다.
- 흐르는 물에서 콩잎을 깨끗이 씻는다.
- 된장에 박아두거나 또는 된장이나 고추장 혹은 간장 양념을 만들어 콩잎 사이에 켜켜이 무쳐 넣고 냉장 보관한다.
- 콩잎은 사계절 두고 두고 먹을 수 있는 좋은 밑반찬이다.

#상추개량종 #줄기상추 #상추대 #뚱채 #아삭한맛 #피클활용

궁채(상추대, 줄기상추) 십자화과 | 농가주변, 재배

Lactuca sativa

🌸 꽃 : 7월　　　✎ 높이 : 30cm　　　🌿 식용 : 줄기

궁채나물 피클

중국에서 들어온 상추의 개량종으로 잎이 아니라 줄기를 먹는다 하여 '줄기상추'라고 하지만 '상추대', '궁체', '뚱채'라는 이름으로도 알려져 있다. 영문명은 'Celtuce(셀터스)'이다. 지중해의 상추 품종이 당나라로 전래될 때 개량종이 출현한 것으로 추정한다.

특징 가늘게 썰어놓은 줄기를 생채로 무쳐 먹는 나물이다. 아삭하고 꼬들꼬들한 식감 때문에 국내에서 매우 인기가 높다. 비타민이 풍부해 피로회복, 피부에 좋은 나물이다.

레시피

- 꽃이 진 후 줄기를 수확하거나 말린 궁채나물을 구입할 수 있다.
- 말린 궁채나물을 깨끗하게 씻은 뒤 물에 담가서 2시간 정도 불리는데 보통 3배 정도 크기로 불어난다.
- 잘 씻은 궁채를 끓는 물에 살짝 데친다.
- 들기름, 들깻가루, 소금, 다진 마늘 등을 넣고 살짝 볶는다.
- 아삭하고 꼬들꼬들한 식감이 별미이다. 궁채는 피클, 장아찌 등으로도 좋다.

신선초 (명일엽) 산형과 | 농가주변, 재배

Angelica keiskei

🌼 꽃 : 5~10월　　　✏️ 높이 : 1.5m　　　🌿 식용 : 어린잎과 줄기

신선초나물 무침

일본 열도의 태평양 바다에 면한 지역에서 자생하는 당근과 비슷한 식물로써 녹즙용으로 인기를 얻었다. 줄기를 자르면 노란색 수액이 나오는데 노화예방에 좋은 물질로 알려져 있다.

특징 자양강장, 천연두 치료, 이뇨에 사용하였다고 하여 건강에 좋은 약초라는 홍보와 함께 명일엽이라는 이름으로 국내에 도입되었다. 원래는 녹즙으로 소비되었지만 최근에는 동네마트에서도 흔히 볼 수 있는 쌈채소가 되었다.

레시피

- 신선초의 어린잎을 채취하거나 마트에서 신선초 잎을 구입한다.
- 흐르는 물에서 깨끗하게 씻어 준비한다.
- 쓴맛이 강하므로 소금을 넣고 끓는 물에 데친 뒤 30분 이상 우려낸다.
- 신선초 나물에 참기름, 다진 마늘, 소금, 고추, 참깨를 넣고 볶는다.
- 쌉싸름한 맛으로 먹을 수 있는 나물이다.

가지 가지과 | 농가주변, 재배

Solanum melongena

🌼 꽃 : 6~9월　　✏️ 높이 : 1m　　🦋 식용 : 열매

가지나물 무침과 볶음

가지의 원산지는 인도이고 중국을 통해 국내에 전래되었다. 줄기는 높이 1m로 자란다. 잎은 어긋나고 난상 타원~삼각형이고 가장자리에 물결 모양 톱니가 있다. 꽃은 6~8월에 자주색으로 핀다. 열매를 가지라고 부르며 식용한다.

특징 고대 중국에서 '가(茄)'라는 식물의 열매를 '가자(茄子)'라고 불렀는데 그것이 국내에 전래되면서 가지가 되었다. 뿌리를 종기, 어혈, 지혈, 동상, 부종 등에 사용한다.

레시피

- 제철에 가지 열매를 수확하거나 마트에서 구입해 준비한다.
- 깨끗이 씻은 뒤 먹기좋은 크기로 썰어준다.
- 준비된 가지를 찜기에 담은 뒤 전자렌지에서 익히거나 밥통 등에 넣고 찌면 훨씬 맛이 좋다.
- 참기름, 간장, 다진 마늘, 다진 파, 참깨 등으로 버무린다.
- 맛은 부드럽고 쫄깃한 식감이 있다. 들기름에 볶아서 먹어도 좋다.

연꽃(연근) 연꽃과 | 재배

Nelumbo nucifera

🌼 꽃 : 7~8월   ✑ 높이 : 1m   ✗ 식용 : 뿌리

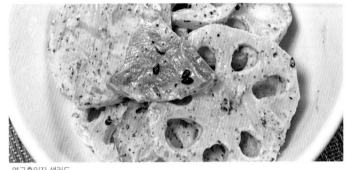

연근흑임자 샐러드

인도 원산의 연꽃은 삼국시대 이전 중국을 통해 우리나라에 전래되었다. 연꽃은 수면 아래의 땅에 뿌리를 내린 뒤 수면 위로 높이 1m로 자란다. 꽃은 7~8월에 피고 가을에는 '연방'이라고 불리는 열매가 결실을 맺는다.

특징 연꽃의 뿌리를 '연근'이라고 하며 주로 간장조림으로 식용한다. 요즘은 간장조림보다는 생 연근을 흑임자나 들깨를 넣고 다른 채소와 버무린 샐러드 요리가 젊은층에게 인기가 높다. 연근은 청열, 해독, 어혈에 효능이 있다.

레시피

- 연근을 두께 2cm로 썬 뒤 깨끗이 씻는다.
- 끓는 물에 식초를 한 스푼 넣고 5분 동안 연근을 데친 뒤 다시 찬물에 담근다.
- 마요네즈 3, 흑임자가루 1, 설탕 1, 매실액 1, 레몬즙 1, 우유 5를 혼합한 뒤 믹서로 갈아 소스를 만든다.
- 연근과 소스를 버무리면서 소금으로 살짝 간을 해준다.

들깨(깻잎) 꿀풀과 | 농가주변, 재배

Perilla frutescens

🏵 꽃 : 8~9월   ✎ 높이 : 1m   ✿ 식용 : 잎, 줄기, 열매

들깻잎나물 무침

인도와 동남아시아가 원산지인 들깨는 삼국시대 이전에 국내에 전래된 것으로 보인다. 들깨의 줄기는 높이 1m로 자라고 잎은 마주난다. 잎을 깻잎이라고 하는데 꽃은 8~9월에 피고 열매는 10월에 결실을 맺는다. 열매를 들깨라고 한다.

특징 들깨와 들기름은 전세계 생산량의 거의 대부분을 국내에서 소비할 정도로 우리나라 사람들이 즐겨먹은 기름이다. 식물성 기름 중에서 오메가 3 함량이 가장 높은 기름이고 혈액순환에 특히 좋다.

레시피

- 시장이나 마트에서 깻잎을 구입해 준비한다. 밭에서 깻잎을 채취하려면 최소한 열매가 성숙하기 전에 수확해야 한다.
- 깻잎을 깨끗하게 씻어 깻잎나물, 깻잎장아찌, 조림, 무침 등의 반찬을 만드는데 보통 간장을 기본으로 사용한다.
- 들기름은 계란부침이나 각종 나물반찬을 만들 때 몇 방울씩 넣으면 동맥경화나 혈액순환 개선에 큰 도움이 된다.

능이버섯(향버섯, 노루털버섯) 능이버섯과 | 깊은 산

Sarcodon imbricatus

🍄 포자 : 비늘형　　　✎ 높이 : 20cm　　　✂ 식용 : 버섯갓과 버섯대

능이버섯 참기름 볶음

높은 산의 능선상의 활엽수림 밑의 돌이나 바위가 많은 사면에 더러 자생한다. 자실체는 높이 10~20cm로 자라고 갓의 지름도 10~20cm이다. 갓의 표면에 큰 비늘조각이 빽빽하다.

특징 능이버섯의 정식 이름은 향이 진하기 때문에 '향버섯'이라고 부르고 '노루털버섯'이란 별명이 있다. 민간에서는 혈중 콜레스트롤 저하, 항암, 감기, 천식, 기관지염 등에 약용한다. 다른 버섯과 달리 생식은 금하고 익혀 먹는 버섯 중 하나이다.

레시피

- 추석 전후에 강원도 높은 산에서 능이버섯을 볼 수 있다. 비슷한 시기에 양평, 홍천 등지의 5일장에서 능이버섯을 판매한다. 구입한 능이버섯을 물에 깨끗이 씻어 먹기 좋은 크기로 썬다.
- 닭백숙 및 국물요리에 넣거나 참기름으로 볶아 먹어도 좋다. 참기름으로 볶은 능이는 특유의 향과 함께 약간 쇠고기 씹는 맛이 나기 때문에 고기가 귀했던 산촌에서 고기 대용으로 먹었을 듯하다.

산느타리 (큰느타리버섯) 느타리과 | 깊은 산, 재배

Pleurotus pulmonarius

📍 포자 : 타원형　　　✎ 높이 : 20cm　　　🦋 식용 : 버섯과 버섯대

산느타리버섯 간장 볶음

봄~가을에 큰 나무에서나 볼 수 있는 대형 느타리버섯이다. 자실체의 크기는 10cm 전후이지만 중첩되어 무리지어 발생하기 때문에 한덩어리가 30cm가 넘는 경우도 있다. 버드나무나 뽕나무 원목으로 재배한 버섯도 출하되고 있다.

특징 시장에서 볼 수 있는 느타리버섯과 같은 맛이지만 육질이 두툼하고 치밀하기 때문에 씹는 맛이 좋다. 연구에 의하면 항암, 당뇨, 노화예방에 좋은 성분이 함유된 것으로 알려졌다.

레시피

- 전통시장이나 산나물 가게에서 산느타리버섯을 구입해 준비한다.
- 물에 살살 씻으면서 이물질을 제거한다.
- 먹기 좋은 크기로 찢어 놓는다.
- 다진 마늘, 파, 간장, 참기름으로 볶으면 아주 맛있는 버섯반찬이 된다.

부록

나물반찬 양념 배합법

아래의 배합 비율은 티스푼 기준이며, 기호에 따라 가감할 수 있다.

1. 간장 양념법

간장 10 : 고춧가루 3 : 다진 마늘 2 : 설탕 2

기호에 따라 대파, 청양고추, 양파, 참깨, 참기름이나 들기름을 첨가한다.

2. 초고추장 양념법

고추장 3 : 식초 1 : 설탕(매실액) 1 : 다진 마늘 1 : 참깨 1

기호에 따라 사과 1쪽을 갈아서 첨가한다.

3. 고추장 양념법

고추장 12 : 고춧가루 2 : 다진 마늘 1 : 설탕(매실액) 2 : 간장 2

기호에 따라 대파, 고추 또는 청양고추, 생강, 참깨, 참기름 또는 들기름을 첨가한다.

4. 참기름 볶음 양념 비법

참기름 1 : 다진 마늘 1/4 : 소금(적량) : 육수(적량)

참기름 나물볶음은 참기름, 다진 마늘, 소금, 육수만 있어도 좋은 맛이 난다. 소금 간을 하면 간장 향이 없으므로 나물 본연의 담백한 맛을 즐길 수 있다. 눈개승마처럼 나물 본연의 맛을 헤치지 않으려면 소금 간을 추천한다.

5. 참기름 볶음 양념법(간장맛)

참기름 1.5 : 간장 1 : 다진 마늘 1/4 :
다진 파 1/4 : 육수(적량)

고소한 참기름 볶음에 간장을 추가한 맛이다.
일반적인 볶음요리에 적용된다.

6. 들기름 볶음 양념법

들기름 1 : 다진 마늘 1/4 : 다진 파 1/4 :
소금(적량) : 육수(적량)

들기름 나물볶음은 들기름, 다진 마늘, 소금, 육수만 있어도 좋은 맛이 나온다. 묵나물 무침이나 볶음요리에 좋은 양념이다.

7. 들깻가루 무침 양념법

들깻가루 3 : 들깨기름 2 : 다진 마늘 1 :
다진 대파 1 : 소금(적량)

들깻가루 무침은 특징적인 맛이 없는 평범한 나물에도 어울리지만 묵나물 재료에 특히 잘 어울리는 양념이다.

제철 산나물은 구입법

싱싱한 산나물도 며칠 지나면 물러지거나 시들어 먹지 못하기 때문에 제철 산나물을 구하려면 온라인 몰보다는 전통 재래시장 등에서 밭품을 팔아 싱싱한 것을 구입하는 것이 좋다. 온라인 몰에서 구입하는 산나물은 보통은 삶은 뒤 말린 묵나물이 많다. 제철 산나물은 지역 농수산물시장이나 전통 재래시장, 지역 5일장 등에서 쉽게 구할 수 있다.

물론 산나물은 대부분 봄철에 출하하므로 제철이라 해봤자 봄철 외에는 없다. 그래서 매년 봄이면 연례행사처럼 제철 산나물을 구입하러 재래시장 등을 방문하는데 그중 몇 군데 단골집을 두는 것도 좋다. 이때는 산나물 구입비용만도 1~2개월 동안 수십만 원이 넘었는데 덕분에 못 먹어본 산나물도 많이 접했다. 구입 외에는 지인의 시골집 산에서 직접 채취하는 경우도 있고, 봄 산행을 통해 만나는 산나물 구경도 산행만큼이나 즐겁다.

대도시 농수산물시장(경동시장, 가락시장 등)의 크고 작은 산나물 가게에는 그때그때 지방에서 올라온 산나물을 살 수 있는데 대형마트 등에서는 볼 수 없는 제철 산나물이 꽤 다양하다.

나물로 섭취할 수 없는 야생풀꽃들

유독성식물을 미리 알아두면 나물을 함부로 채취하거나 섭취하는 것을 피할 수 있다. 일부 독성식물의 뿌리나 열매 등은 약용 목적으로 사용하지만 해당 식물의 약용은 전문가의 법제화 과정이 꼭 필요하다. 다음은 함부로 채취하거나 먹을 수 없는 야생풀꽃들이므로 주의하길 바란다.

• 개감수

대극과의 여러해살이풀. 뿌리를 감수(甘遂)라고도 한다. 유독성식물이므로 식용은 할 수 없지만 뿌리를 법제화하여 약용하기도 한다.

• 괴불주머니

양귀비과의 두해살이풀이다. 유사종으로는 산괴불주머니, 눈괴불주머니, 선괴불주머니가 있다. 약간 독성이 있는 식물이므로 식용할 수 없다. 잎이 쑥잎과 비슷하지만 쑥향은 나지 않으므로 쉽게 구별할 수 있다.

• 꼭두서니

꼭두서니과의 여러해살이 덩굴식물이다. 풀밭에서 흔히 자란다. 예로부터 어린순을 나물로 식용했지만 최근 발암성분이 함유된 것으로 밝혀졌다. 그러므로 나물로 식용하는 것을 피하는 것이 좋다.

• 꽃무릇(석산)

수선화과의 여러해살이풀이다. 정식 명칭은 석산이지만 꽃무릇으로 더 알려져 있다. 국내에는 영광 불갑사의 꽃무릇 군락지가 유명하다. 독성이 있어 식용할 수 없지만 법제화하여 약용하기도 한다.

• 꽈리

가지과의 여러해살이풀로 마을 빈터나 밭에서 흔히 재배한다. 열매를 약용하고, 더러 식용하기도 하지만, 가지과 식물은 식물에 따라 독성이 있으므로 잎을 나물로 식용하는 것은 피한다.

• 놋젓가락나물

미나리아재비과의 여러해살이풀이다. 나물이라는 이름이 붙은 것으로 보아 어린순은 더러 식용한 것으로 추정지만 이 종류 식물들은 대부분 독초이므로 식용을 피해야 한다.

• 담배(연초)

가지과의 한해살이풀로 담배잎을 채취할 목적으로 재배하는 작물이다. 말 그대로 연초를 만들 때 사용하는 식물이므로 전초에 니코틴이 함유되어 있다. 니코틴 독성을 피하려면 나물로의 식용을 피한다.

• 대극

대극과의 여러해살이풀로 유사종은 암대극, 붉은대극, 흰대극 등이 있다. 유독성식물이므로 나물로 섭취할 수 없지만 뿌리를 법제화하여 약용하기도 한다.

• 독말풀

가지과의 한해살이풀로 잎과 종자에 독성이 있다. 유사종인 흰독말풀과 외래종인 천사의나팔꽃도 독성이 있을 것으로 추정되므로 잎을 나물로 식용하는 것을 피한다.

• 독미나리

산형과의 여러해살이풀이다. 잎 모양이 미나리와 비슷하기 때문에 야생에서 오인하고 채취할 수도 있다. 유독식물이므로 잎을 식용하지 않도록 주의해야 한다.

• 돌쩌귀

투구꽃이나 놋젓가락나물과 비슷한 식물로써 한라돌쩌귀, 세잎돌쩌귀, 그늘돌쩌귀 등이 있다. 유독성식물이므로 잎을 식용하지 않도록 주의한다.

• 동의나물

깊은 산의 축축한 땅이나 계곡가에서 자생한다. 이른 봄이면 잎을 곰취 잎으로 오인하고 섭취하다가 독성을 일으키는 식물이다. 곰취 잎으로 오인하고 식용하지 않도록 각별히 주의한다.

• 모데미풀

미나리아재비과의 여러해살이풀로 멸종위기식물이다. 미나리아재비과 식물들은 대개 독성을 함유한 경우가 많으므로 가급적 식용하지 않도록 주의한다.

• 물봉선

깊은 산의 축축한 계곡가에서 흔히 자생하는 봉선화과 식물이다. 유독성식물이므로 잎을 식용하지 않도록 주의한다.

• 미나리아재비

미나리아재비과의 여러해갈이풀로 산야의 축축한 땅이나 수로, 연못가, 물가에서 흔히 자생한다. 산형과의 식용 식물과 비슷하지만 이 식물은 독성식물이므로 식용할 수 없다.

• 미치광이풀

깊은 산 비탈진 곳에서 흔히 자생한다. 어린싹은 더러 나물로 무쳐먹기도 하지만 가급적 식용을 하지 않는 것이 좋다. 소가 이 식물을 먹으면 미쳐서 날뛴다 하여 미치광이풀이라고 이름 붙여진 풀꽃이다.

• 바람꽃

바람꽃, 만주바람꽃, 꿩의바람꽃 등이 있다. 미나리아재비과 식물이므로 독성이 있을 수 있다. 가급적 식용을 피하는 것이 좋다.

• 박새

백합과 여러해살이풀이다. 깊은 산의 축축한 풀밭이나 비탈길에서 자생한다. 식용할 수 없는 유독성식물이며, 어린싹이 둥굴레 싹과 비슷해 오인하는 경우가 많으니 조심해야 한다.

• 반하

천남성과의 여러해살이풀로 축축한

풀밭에서 자생한다. 약용 식물로 유명하지만 식용할 수 없는 유독성식물 중의 하나이다.

• 복수초

미나리아재비과의 여러해살이풀로 이른 봄 쌓인 눈을 뚫고 꽃이 피어나는 식물로 유명하다. 잎은 미나리 잎과 비슷하지만 독성이 있으므로 나물로 식용할 수 없다.

• 삿갓나물

백합과의 여러해살이풀로 깊은 산의 축축한 풀밭이나 비탈진 산에서 자생한다. 삿갓처럼 잎이 벌어져서 자란다. 식용식물인 우산나물과 비슷하고 지방에 따라 어린잎을 식용하기도 하지만 독성이 있으므로 가급적 식용하지 않는 것이 좋다.

• 상사화

수선화과의 여러해살이풀. 중부이남과 제주도에 분포한다. 주로 사찰에서 관상 및 약용 목적으로 식재한다. 식물체에 독성이 있으므로 나물로 식용할 수 없다. 유사종으로는 노란색이나 흰색 꽃이 피는 품종이 있다.

• 앉은부채

천남성과의 여러해살이풀로 전국의 깊은 산에서 자생한다. 꽃이 지면 부채 모양의 커다란 잎이 자란다. 뿌리에 독성이 있으므로 나물로 식용할 수 없다.

• 애기똥풀

양귀비과의 두해살이풀이다. 도심지의 풀밭에서도 흔히 볼 수 있다. 지방에 따라 어린싹을 더러 식용하는 곳도 있지만 전초에 약간의 독성 및 마취 성분이 있으므로 나물로 식용하는 것을 피하는 것이 좋다.

• 애기나리

백합과의 여러해살이풀로 유사종은 큰애기나리, 금강애기나리 등이 있다. 어린순은 나물로 먹기도 하지만 성숙하면 독성이 있을 수 있으므로 식용을 피하는 것이 좋다.

• 여로

백합과의 여러해살이풀이다. 어린순이 원추리나 둥굴레 잎과 비슷하기 때문에 이른 봄이면 나물로 오인하고 식용하는 식물 중 하나다. 유독성 식물이므로 식용을 금해야 한다.

• 요강나물

미나리아재비과의 낙엽활엽반관목으로 우리나라 특산종이다. 식용 기록은 없지만 미나리아재비과 식물은 독성이 있을 수 있으므로 식용을 피하는 것이 좋다.

• 윤판나물

백합과의 여러해살이풀이다. 어린순은 더러 식용하기도 하지만 미세한 독성이 있을 수 있으므로 가급적 식용을 피한다.

• 은방울꽃

백합과의 여러해살이풀이다. 유독성 식물로 유명하기 때문에 식용을 피

하는 것이 좋다. 잘못 먹으면 심장에 타격을 주어 즉사할 수도 있다.

• 자리공

자리공과의 여러해살이풀로 산과 들에서 자생한다. 유사종으로는 미국자리공이 있다. 식물체에 독성이 있으므로 나물로 식용할 수 없다.

• 족도리풀

쥐방울덩굴과의 여러해살이풀이다. 전초에 약간의 독성과 발암 성분이 있으므로 식용할 수 없다.

• 지리강활

산형과의 여러해살이풀이다. 당귀와

비슷하다고 하여 개당귀라고도 한다. 민간에서는 독성이 있어 식용하지 않는 식물로 알려져 있지만 중국에서는 어린순을 더러 식용한다고 알려져 있다. 식용을 피하는 것이 좋다.

• 진범

미나리아재비과의 여러해살이풀이다. 깊은 산에서 자생한다. 미나리아재비과 식물은 더러 독성이 있을 수 있으므로 가급적 나물로 식용하지 않는 것이 좋다.

• 천남성

천남성과의 여러해살이풀이다. 수액에 옻독 비슷한 독성이 있으므로 피부염을 유발할 수 있다. 전초에도 독이 있으므로 나물로 식용하는 것을 피하도록 한다.

• 투구꽃(부자, 오두, 초오)

미나리아재비과의 여러해살이풀이
다. 예로부터 사약의 재료로 사용한
독성 식물이므로 나물로 식용할 수
없다. 유사종인 놋젓가락나물, 진범,
돌쩌귀, 바꽃 등도 전부 식용을 피하
는 것이 좋다.

• 피나물

양귀비과의 여러해살이풀이다 어린
순은 참나물 잎과 비슷한 생김새이
다. 어린순은 더러 식용한다고 알려
져 있지만 전초에 독성이 있으므로
가급적 식용을 피하는 것이 좋다.

• 할미꽃

미나리아재비과의 여러해살이풀이
다. 뿌리에 독성 성분이 있으므로 나
물로 식용하는 것을 피하는 것이 좋
다. 유사종으로는 분홍할미꽃 등이
있다.

• 현호색

양귀비과의 여러해살이풀이다. 뿌리
를 혈액순환약으로 사용하기도 하지
만 독성이 있으므로 나물로 식용하
는 것은 피하는 것이 좋다.

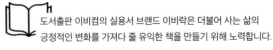 도서출판 이비컴의 실용서 브랜드 이비락은 더불어 사는 삶의
긍정적인 변화를 가져다 줄 유익한 책을 만들기 위해 노력합니다.

원고 및 기획안 bookbee@naver.com